愛孩子的安定教養學

三A情緒急救

Aware
我覺察自己在生氣

Admit
我承認自己在生氣

Allow
我允許自己的生氣；我願意陪伴自己的生氣。

如何設置積極暫停區？

1. 向孩子說明什麼是「積極暫停區」
   ➥有情緒時，可以到那裡休息、冷靜，並讓內心恢復平靜的地方
2. 「積極暫停區」注意事項
   ➥這不是一個被處罰的地方，在這裡的人也不應被別人打擾，以讓他能沉澱、放鬆與思考
3. 以有限制的選擇詢問孩子要設在哪？
   ➥想放在客廳或是你的房間？
4. 討論孩子喜歡的東西
   ➥在積極暫停區裡，想放什麼東西來穩定自己的情緒呢？
5. 陪孩子發想能做的事
   ➥可以做什麼事來轉換心情？
6. 重新命名
   ➥為積極暫停區取一個你喜歡的名字吧！

積極暫停區

當孩子或大人有情緒時，可以到那裡休息、冷靜，並讓內心恢復平靜的地方

○ 讓心情變好、平復的地方

✕ 處罰的地方、叫孩子去反省自己的地方

啟發式問句

用引導孩子思考的疑問句，代替必須服從的命令語

✕ **命令語**
直接下指示要求孩子照做
⇩
孩子的價值感和歸屬感慢慢減損，愈來愈不喜歡被命令，甚至漸漸出現故意不聽話、與大人抗爭等行為

○ **疑問句**
引導孩子了解自己該做什麼
⇩
孩子會先經過思考後再主動執行，而不是只有被動地接受命令或跟隨指示

每日作息表

固定的每日作息表，請孩子按照時間的安排進行

1. 邀請**孩子參與**討論，讓他們更願意遵守
2. 請孩子自己寫下來，或以圖**畫代替文字**
3. 討論作息表的過程請用**啟發式問句**

結合蒙特梭利、阿德勒

順應孩子
展需求，
堅定的回應

蒙特梭

安定
教養

阿德勒
正向教養

以正向的態度與孩子溝通，練習各種教養「工具」，養成孩子正向人格

應對四種不當行為總整理

不當行為

尋求過度專注

1. 愛的說話公式
2. 引導到有意義的行為
3. 與孩子進行感受深刻的對話
4. 與孩子擁有「特別時光」
5. 建立「每日作息表」
6. 培養孩子「解決問題的能力」
7. 避免給予孩子「特殊照顧」
8. 忽略當下行為，給予孩子擁抱

權力鬥爭

1. 提醒兩次無效，就不要再提醒
2. 不對立，也不放棄
3. 彼此尊重
4. 避免衝突，適時離開
5. 設置積極暫停區
6. 有限制的選擇（相同結果但選擇不同）
7. 孩子不選，我們替他選
8. 以「每日作息表」提醒孩子
9. 邀請孩子幫忙，用可以代替不可以
10. 兩個選擇，讓孩子從結果學習
11. 事後討論，重新跟孩子連結

報復

1. 離開現場
2. 避免反擊
3. 行動、不解釋
4. 事後討論、修復關係

自暴自棄

1. 多給予即時的鼓勵與感謝
2. 將工作分解為細小步驟
3. 允許孩子有獨立練習的機會
4. 不給予批判或責備
5. 觀察孩子，不輕易介入
6. 給予孩子貢獻的機會
7. 讓孩子往有興趣的目標發展
8. 創造讓孩子成功的機會
9. 相信孩子
10. 不要放棄、也不要可憐孩子

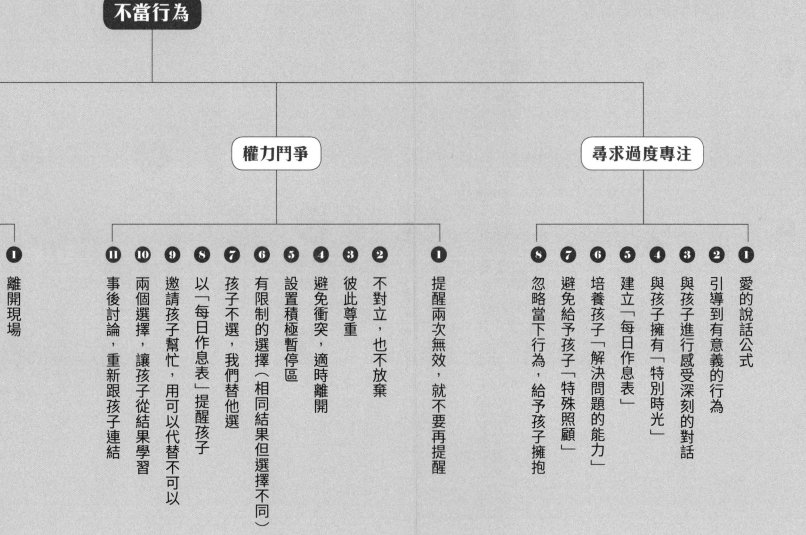

羅寶鴻的安定教養學

作者——羅寶鴻

謹以此書獻給在我成長過程中，
給予我許多愛與支持的父母，
也獻給希望在孩子成長過程中，
給予他許多愛與支持的您。

推薦序

伴您從容面對種種教養挑戰

資深蒙特梭利幼兒園長　何翩翩

如果你需要一本同時蘊含教養內功（蒙特梭利）、招數（阿德勒）和心法（薩提爾）的武功祕笈，羅寶鴻老師的這本著作，絕對讓你愛不釋手、大呼過癮！

看完羅老師的大作，闔上書稿後，我心裡想著：「居然能如此順暢的結合三個高深卻又不同的教養學說，不但可以相互佐證，又能巧妙的互通應用，除了羅老師可以做到外，大概也想不出第二個人了吧！」

記得我第一次見到羅老師，是在十多年前一場蒙特梭利的國際論壇中，他是與會的其中一位成員，除了酷似郭富城的外表令人矚目之外，在男女老師嚴重失衡的幼教界，出現這樣一位認真的男學員總是引人側目的。當時還是老師的我，對他留下了驚鴻一瞥的印象，但心裡也想著，他應該會像大多數的男老師一樣，不久就會默默離開蒙氏的圈子吧。

再見到羅老師依舊是在一場蒙特梭利的研習會上，那次研習會的主題是蒙特梭利的中小學教育，當時他的前一本著作《蒙特梭利專家親授！教孩子學規矩一點也不難》已問世，並得到非常大的迴響。我已透過網路聯絡，邀請他幾週後到我們學校和家長們分享，碰巧在研習會上第一次正式見面，聊得很投緣。當時還有大樹老師在現場，因為知道彼此都是蒙氏人加上對教育的熱愛，也就一見如故的聊了起來，並覺得在蒙氏教育的路上有這樣志同道合的夥伴，各自在不同的領域努力，真是幸運啊！

羅老師到我們學校的講座當然是叫好又叫座，結束後的一番對話更對我有很大的幫助（詳見羅老師為我的書《蒙特梭利教養進行式》所撰寫的推薦序）。但更讓我印象深刻的是，後來我帶著全園老師一起參加他的蒙氏教育列車課程，在六堂課中清楚感受到羅老師功力之高深，以及能如此融會貫通運用的智慧。

循序漸進、巧妙互通的教養觀

讀第一部分「人類傾向」時，我又重溫了羅老師在課堂上對孩子需求真切的了解，並將蒙特梭利女士著名的幾個理論：吸收性心智、秩序感、敏感期、人類傾向等，透過真實的例子，讓讀者了然於心。我很認同羅老師在語文教育中所說的：「幫助孩子建構自己人格，遠比強迫他們把單字記熟、把作業寫好重要太多。贏了分數，輸了人格，從來就不是好的教育方式。」另一個身分是英文老師的他，能在經歷補教業的洗禮後還如此堅定不移，我相信這才是真正的相信。

在第二部分「規範」中，運用薩提爾為心法、阿德勒為策略招數，帶領讀者看到自己內在真正的焦慮。我很喜歡羅老師條理分明的教戰手冊，像是當孩子出現權力鬥爭行為時，其中第二點更是關鍵，「不對立，也不放棄」是身為成人的我們要準備好的心態；也唯有能善待自己，欣賞自己努力的成人，才有可能做到這樣的層次啊！

第三部分當然要回到「內在」。其實情緒的議題不只影響著孩子，也時常影響著我們。如同羅老師所說的，任何教養理論就算再好，也只有身心安頓的成人能真正的執行。找到自己的內在小孩，療癒自己成長過程中可能不小心留下的傷，才能真正面對教養的問題，才能真正面對自己。

孩子之於我們是鏡子，更是禮物，在羅老師的著作陪伴之下，相信所有的大人都能集內功、招數與心法於一身，從容面對教養帶來的種種挑戰。再次感謝羅老師在教育這條路上的付出，包括傾囊相授的完成了這本好書。

推薦序

融合三大心法，幫助家長跨越教養困境

育兒顧問 大樹老師

看了那麼多教養書，您是愈看愈明白，還是愈看愈困惑呢？學習各種教養理論，可以成為跨越的梯子，也可能是限制的框架。您看的教養書，是梯子還是框架呢？

羅寶鴻老師在第一本暢銷書《蒙特梭利專家親授！教孩子學規矩一點也不難》出版後，有些讀者想要練習運用時，卻遇到了「知道卻做不到」的困境。我與他曾多次談到這件事，我的觀點是，因為我們的角色是老師，相對於家長，比較不會因為「關心則亂」，比較能「說到做到」。

另一方面，蒙特梭利教學培訓的主要對象是老師，在親職教育這個領域，能把深奧的蒙特梭利理論，轉換成一般家長看得懂的文字，已是功德無量。羅寶鴻老師的第一本書做到了，但是讀者的問題是「知道卻做不到」。

當我還在默默思考如何是好時，羅寶鴻老師已經大步向前，帶著想幫助家長跨越「知道卻做不到」的心情，先後參加了阿德勒正向教養培訓、薩提爾溝通培訓，並且開始帶領工作坊，多次獲得熱烈的迴響。

我和羅寶鴻老師也意識到，「原生家庭的影響」是造成讀者「知道卻做不到」的另一個原因，於是合辦了「探索原生家庭工作坊」。工作坊後，我只出一張嘴在精神上支持，建議他把蒙特梭利教學和阿德勒、薩提爾這些理論融合的心得寫成書，可以嘉惠更多的讀者。

羅寶鴻老師在百忙之中硬是擠出時間，再次做到了！他不但以身作則先突破框架，跨越了舒適區去學習，又把蒙特梭利教學、薩提爾溝通、阿德勒正向教養三者的心法，巧妙融合在這本書裡，無私的與讀者分享這把新造的「梯子」。

跟隨孩子，跟隨家長

在蒙特梭利教學裡，強調「跟隨孩子」，觀察孩子，示範給孩子看；在親職教育裡，我認為要「跟隨家長」，觀察家長，示範給家長看。親職講師要看得懂家長的困境，而且自己有能力跨越，才能夠完整跟家長示範及分享，幫助家長突破教養困境。

許多人在付出大量時間與心力，拿到蒙特梭利證照之後，努力成為一位真正的蒙特梭利老師。然而所謂真正的蒙特梭利老師，並沒有一個客觀的標準，即使如此，許多老師仍持續在努力學習，不只是一位蒙特梭利老師。我覺得阿德勒、薩提爾的方法，都是非常好的工具，協助我們跨出蒙特梭利教學，進入「跟隨家長」這一片領域，羅寶鴻老師率先做到了！

本書從蒙特梭利理論中的「人類傾向」開始談起，這是瑪麗亞．蒙特梭利博士的兒子瑪力歐，在演講中用數個人類發展的面向，總結蒙特梭利教育的精華。「人類傾向」簡單說，就是人類潛能如何發展的各種行為面向，如果有適當的環境支持，人可以有無限的可能。相反的，如果被限制住了，就會衍生各種問題。

羅寶鴻老師從「人類傾向」中的「探索」、「定位」、「秩序」幾個面向切入，使用簡單的例子，幫助讀者了解孩子發展需求，化解許多親子間可能的誤會。例如新生兒哭要不要抱？若從「人類傾向」來看，新生兒雖然不會動，可是也跟大人一樣，有「探索（環境）」的需求、新生兒用哭來「溝通」，表達自己不想要一直被關在嬰兒床裡，看著無聊的天花板。孩子一放到床上就哭，身為照顧者的我們，聽懂看懂了嗎？其實只要給新生兒「工作」，讓新生兒有事可做，例如黑白吊飾，他的眼睛有東西可以看，滿足了「探索」的需求，就不需要哭了。在這部分也同時搭配阿德勒正向教養，讓讀者更加了解，回應新生兒的需求跟價值感與歸屬感之間的關聯。書中有太多精采的實例，值得讀者一看再看。

接著再從「溝通」需要注意的各種面向、阿德勒的「啟發式問句」，連結到薩提爾「溝通姿態」、「冰山模式」，探討大人的態度如何影響孩子的信念。然後再談到「人類傾向」的「工作」，孩子如何在「工作」中成為自己，成人應該扮演怎樣協助的角色。

最後再切回阿德勒正向教養的價值感與歸屬感，這部分同時把蒙特梭利教育談到的「正常化與心理偏態」、薩提爾對「症狀」的觀點，都融合在一起討論。這是讀者的福氣，可以閱讀到羅寶鴻老師的心法整理，從更多不同的觀點，更了解價值感與歸屬感對孩子成長過程的重要性！

結合教養學派，打造金三角

羅寶鴻老師在本書中談到：「蒙特梭利教育能讓我們了解孩子內在發展需求，給予孩子良好的發展環境；阿德勒正向教養能給予有效的教養工具，幫助培養孩子正向人格；但是要讓每個成人內在安頓，能以穩定情緒給予孩子正向教養，落實蒙特梭利教育的美好理念，還需要透過薩提爾。」

我的觀點是：「蒙特梭利幫助我們『了解孩子』，支持孩子不同面向發展的需求；薩提爾幫助我們『了解自己』，安頓自己，找到連結自我、連結孩子渴望的對應溝通；阿德勒幫助我們『了解問題』，對治問題，建立孩子的價值感與歸屬感，培養正向人格。三者相輔相成，幫助讀者從不同面向，跨越教養困境。」

希望有更多讀者可以遇見這本書，讓世界變得更美好。

讓每個孩子都能快樂正向的成長，成為快樂正向的大人

資深新聞主播、飛碟電台節目主持人 **蕭彤雯**

在卸下長達二十年「女神主播」身分後，我轉型為生活類型節目主持人，粉絲們私訊我的議題，從討論時事、個人生涯規畫，逐漸轉成各種生活大小事。包括健康資訊、美容保養、旅遊、吃喝玩樂等。

對於粉絲的問題，我總是知無不言、言無不盡。唯獨一種類型的問題，我敢說的很少很少，且給的建議永遠只有一個：

「你可以上網搜尋羅寶鴻老師，我相信你一定能在他的影片或文章裡找到解答。因為我也是。」

是的，這個區塊就是親子教養。就是那個即便自己能力再強、事業再成功、

社經地位再高，卻總會讓你手足無措、仰天興嘆、理智瞬間斷線、夜裡暗自垂淚的——「親子教養」。

可能因為我常分享兩個寶貝的生活點滴，他們又分別處於最「難搞」的兩階段：十三歲的青春期大女兒，以及四歲半狗都嫌的學齡前小兒子。我寫的東西總引起很多爸媽共鳴，進而成為煩惱父母們諮詢的對象。但跟真正的親子教育專家聊愈多，愈覺得自己在親子教養這條路上，根本還在幼稚園階段。感謝老天！讓我因為主持廣播節目結識寶鴻老師，每月一次的專訪，持續一年下來，我覺得自己大躍進！目前應該已經進階到小學六年級（笑）。

你可能會好奇：親子教養專家這麼多，相關書籍疊起來可能跟一〇一大樓一樣高，為什麼我這麼推崇寶鴻老師？我要給你的答案很膚淺，就是：

因為真的有用。

剛認識寶鴻老師時，我正為了小兒子的教養非常痛苦。三歲多的他聰明又倔強，如果大女兒小時候是天使，那弟弟絕對有一半時間是惡魔。最可怕的是，他完全激發我最糟糕的一面。我這輩子沒想過有一天，我竟會對著小孩歇斯底里狂吼，然後一路用拖的，把他拖進房間裡關起來。三歲多的他在房內拚命敲門哭喊：「媽媽我錯了！請原諒我，放我出去。」而在門外的我死命拽著門把，就是要關到他「知道錯了」、「會記取教訓」為止。

拚輸贏。對，聽起來很變態，但就是這種感覺。然而有用嗎？每次失控後，我得到的從來不是一個「已經記取教訓，下次不會『再惹媽媽生氣』的好孩子」，我得到的，只有一雙恐懼的眼神，以及自己夜裡的自責、後悔外加掉眼淚。第一次跟寶鴻老師聊過後，我開始學習在孩子哭鬧的當下「同理但不處理」，我發現情況改善非常多。

更意外的是，我發覺改變最多的，竟是自己的情緒。原來當我心緒穩定時，孩子的情緒也會跟著緩和，然後耳朵才能聽到媽媽真正想表達的事情（而不只是獅吼）。最重要的是，他能接收到「媽媽是愛我的」的頻率。

這一年來，我看著寶鴻老師從單純的蒙特梭利教育，開始融入薩提爾及阿德勒理論。從幼兒教養講座，延伸到原生家庭工作坊。為的只是能幫助更多父母了解自己、穩定自己，進而達到最終期盼——

讓每個孩子都能快樂正向的成長，成為快樂正向的大人。

我真的非常感動，也感恩。有這樣的暖心付出者，才是社會真正往前往上的推動力。

若要我完整寫出對寶鴻老師的敬佩，這篇可能會從推薦序變成一本書。所以我必須就此打住。但最後我還是想以媽媽的身分，給所有媽媽們一個建議：

如果你正墮入孩子教養的無間地獄並已近乎絕望，與其在臉書上抱怨，並在底下接收來自四面八方「自以為是教育專家的朋友們」的建議，不如靜下心來，好好看完這本書。會有用的，真的。因為我親身實驗過了。

然後也藉此機會對幼教界的郭富城告白一下：

寶鴻老師，在親子教養的路上，我將終身成為你的信徒。

絕對不只是因為你帥，而是因為你對孩子，以及對我們的愛。謝謝你。

好評推薦

羅寶鴻老師融合各家之言，整合成一本教養的寶典，乃來自於他努力學習，並在教育情境的實際經驗，實為教育者的典範。他以蒙特梭利為主要脈絡，融入阿德勒與薩提爾模式，在觀點與教育方法上，既有互補的效用，更帶來豐富的視野，應對各種教育現場的狀況，是難得一見的教養書。

——**李崇建**，作家

和寶鴻相識短短不到一年，在認識他以前，他已是蒙特梭利的專家，認識他時，他正積極的浸潤在薩提爾模式的知識領域裡，全面性的探索與學習。短短的時光裡，他已將各項領域的知識系統做出整合，並且整理出自己的脈絡，實在非一般常人所能及。書中也列出家中經常會遇到的幼兒行為問題，寶鴻皆運用豐富資源及知識系統，在情感上既同理了父母，在邏輯裡又能回應問題，讓人感覺受用又非常溫暖，很適合家中有孩子的父母一同學習。

——**李儀婷**，薩提爾模式親子教養教練

「每一個在世界上的存在，都有著與生俱來的宇宙任務。」

每位大人畢生最重要的事，是在孩子的身旁「引出」面對宇宙任務的賽道。在無期又崩潰的賽場上，我們都需要些快速通關方法：認識孩子與陪伴自己。在我眼裡，羅老師愛孩子，但更在意大人是否愛自己、擁抱自己、更柔軟、心靈自由。是他教會我：要愛孩子，先學會愛自己，共勉。

——**陳子倢（扣扣老師）**，小人小學創辦人

一次在高鐵站的巧遇，因而認識了羅寶鴻老師。前些時候，又剛好有人在羅老師的臉書貼文下留了這麼一段話：「愛夠，良知就來了 by 陳子蘭老師。」

羅老師因此找上我，促成了我將「四夠教育」的線上語音課程分享給羅老師。兩天後，我再次接到羅老師的電話，他用他那非常好聽、非常有磁性的聲音告訴我，他聽完的內心感動，其實這點讓我更感動啊！羅老師又說，他在課堂上引用了「愛的說話公式」、「愛的生產者 vs 愛的消費者」而讓一位媽媽輕鬆的解決了多年來的教養困擾，我聽了也與有榮焉。因為他而間接的把「四夠教育」分享給更多有需要的家庭，這很棒！

今天寶鴻老師要再出版第二本書了，邀請我寫推薦文，實在倍感榮幸啊！「心中有愛一切都是對的」，而這個愛的柔軟心，羅老師一直都具備啊！誠摯邀請您，一起來為教育下一代而成長自己！

——**陳子蘭**，理科人類工程學院、親子教養諮詢師焦慮不安的父母，最需要的除了專業的建議，莫過於在人的層次上被接納與同理，感受到自己付出的努力與辛苦是有價值的。這個道理，寶鴻老師已透過多年的教學經驗與在網路平台的暖心回信，做了最好的見證。這一切化成完整的文字呈現在這本書裡，擁有書的我們，很幸福。

——**陳其正**（**醜爸**），親職教育顧問、作家

坊間的教養派別千百種，對於父母來說是福氣，卻也是困擾。羅寶鴻老師除了擁有蒙特梭利二十年的實務經驗之外，更將阿德勒正向教養和薩提爾融入日常教養生活當中，並且從三個學派裡擷取對於父母最實用的理念、方向與行動。能夠站在三位大師的肩膀上，透過羅寶鴻老師的字字珠璣，讓我們得以安定身心、安頓內在，大幅提升教養孩子的勇氣與行動力！

——**趙介亭**（**綠豆粉圓爸**），可能育學創辦人

這是一本具有療癒效果的教養書籍，在忙亂的日常生活中，寶鴻老師的書，可以讓我們找到一個安頓身心的根本方法，在每次想要安頓孩子的心之前，我們都可以再輕輕問一次自己：「親愛的，你的身心安頓了嗎？」

——**蕭澤倫**，台中市澴宇蒙特梭利實驗教育機構創辦人

寶鴻老師，是我遇過相當有魅力而且充滿溫暖的教育工作者。

孩子的不回答、頂嘴、回嘴、找藉口解釋等行為，回歸到內心，其實是在保護自己。害怕說了，會被罵、被打、被處罰。教養的目的，是為了讓孩子能夠發自內心的願意改變。唯有溫和的對話，讓孩子感受到安定的氛圍，保護機制才會關閉，聽進我們的話語，說出真實的心聲。

我與寶鴻老師對話過幾次，從他的言語與文字，皆能感到他的無私與大愛，引領每個家長，一同安定孩子的心，做到最適合彼此的教養。

——**魏瑋志**（**澤爸**），親職教育講師

目錄

推薦序　伴您從容面對種種教養挑戰　何翩翩　005

推薦序　融合三大心法，幫助家長跨越教養困境　大樹老師　009

推薦序　讓每個孩子都能快樂正向的成長，成為快樂正向的大人　蕭彤雯　015

好評推薦　019

前言　當蒙特梭利碰上薩提爾和阿德勒　027

Part 1
人類傾向

探索

01 從內在到外在的力量　043

02 回應孩子的內在發展需求　050

秩序與定位

01 孩子透過外在秩序，建立內在秩序　065

02 熟悉的秩序能穩定孩子情緒 071

溝通

01 語言是感官經驗最精準的表達方式 089
02 用語文教育幫助孩子建構自己人格 099
03 大人態度決定了孩子的信念 120
04 走進薩提爾的冰山 127

工作

01 工作能使生命發展更完善 146
02 預備良好的「工作」環境 154
03 了解孩子真正的「工作」需求 165

Part 2

規範

01 起於缺乏歸屬感與價值感的四種不當行為 189

02 尋求過度關注的孩子 203
03 與大人權力鬥爭的孩子 230
04 報復的孩子 264
05 自暴自棄的孩子 277
06 把焦點放在解決問題上 299

Part 3
內在

01 處理自己當下的情緒 310
02 處理孩子當下的情緒 332
03 回溯過往事件，療癒孩子傷痛 343
04 回溯童年，療癒內在小孩 350
05 欣賞自己，找回內心的光明 358
結語 親子相長，核心是愛 365

前言

當蒙特梭利碰上薩提爾和阿德勒

二〇一七年出版的第一本書《蒙特梭利專家親授！教孩子學規矩一點也不難》，可說是集合我這二十年在蒙特梭利教育經驗的大成。書中的「自由與紀律六大重點實施ＳＯＰ」、「提醒四步驟」、「兩個選擇」、「同理但不處理」等方式，是我一直以來在教室給予孩子規範時所使用的重要工具。

這本書面世以後，雖然得到許多支持與肯定，但內容主要講的是規範給予，無法讓我盡情闡述，到底浩瀚的蒙特梭利教育理論，還揭露了什麼有關孩子發展的重要祕密。

綜觀目前市面上有關蒙特梭利的中文書籍，暢銷的大都以實務操作為主，鮮少細說發展理論，可能理論書對大部分人來講很無聊，因為不好賣所以沒人寫。但既然我的第一本理論書成功了，於是心裡開始有再寫一本的打算。

根據多年授課經驗，在分享蒙特梭利教育理論時，我習慣把理論與真實故事結合起來講，這樣不但會比較精采、具體，讀者也比較有共鳴與收穫。所以，我相信這樣是可行的。

第一本書誕生時，也讓我看到當時自己在教學上一些未臻完善的地方。在了解孩子各階段發展需求，在預備環境中如何與孩子互動，蒙特梭利教育有著非常詳細且充分的說明。但對於非預備環境的孩子，外在行為多有偏差、內在需求多有匱乏，經常情緒不穩定的孩子，要用什麼方法來幫助他們？

舉例來說，當他們做一些不正確的事情來引起我們注意時，該怎麼處理？當他們故意不聽話、挑戰我們時，該怎麼應對？當他們內心充滿無助、自暴自棄時，該如何提供幫助？

對於當下有情緒的孩子，有沒有具體的方式可以安撫他們？甚至如果是成人自己有情緒時，該如何做才能安頓內在？

如果我是一位家長或老師，希望好好愛自己的孩子、教育自己的孩子，但我的情緒管理卻不好，很容易生氣，要如何自救？我有辦法改變嗎？我有能力教育自己的孩子嗎？

這些似乎都不是蒙特梭利教育涵蓋的範疇，卻是許多家長和老師最常面臨、近年來最多人詢問我的問題。如果這些問題沒有找到可行且具體的答案，我會感到很遺憾。

若幫助不了這些最需要被幫助的孩子與家長，書賣得再好又如何？

誠如《禮記．學記》中所說：「知不足，然後能自反也；知困，然後能自強也。」在潛心學習蒙特梭利教育二十年以後，我決定嘗試從其他管道來尋找答案，希望能藉此完成我心中理想的教育藍圖，給予家長與老師更完整的教育方式。

自從心裡起了這個念頭開始，彷彿上天亦有所感，有所安排，這兩年來我自然而然相繼與「薩提爾」和「阿德勒正向教養」邂逅。

這段學習的過程中，我很幸運遇到許多貴人相助，加速了我的學習。

無論是在教室、在家裡，以及在自己內心裡落實這些方法時，我都得到很多印證的喜悅、滿足與肯定。我感到很欣慰，因為已經找到自己要的答案，把兩年前缺漏的拼圖補完整了。

某天，我在台中澴宇蒙特梭利中小學演講，邀請我的是多年蒙特梭利界的師兄兼朋友——蕭澤倫老師（阿律）。

澤倫除了是蒙特梭利人外，也是非常優秀的創作歌手，曾經得過金曲獎。多年前我剛開始學習蒙特梭利時，曾去他在台北的教室觀摩學習。當時，他與我分享他的寶貴經驗，讓仍在摸索的我，有了更正確的方向。

事隔多年，我們再次見面。這次重逢是在他自己的學校。他已經成為校長，我也成為自己想要成為的人。想一想，上天也待我們倆不薄啊！

那次我講演的主題，是過去兩年一直都在講、我第一本書的主題——「如何優雅教養孩子學規矩」（再次感謝野人文化替我孕育了這本書）。

這主題真的十分熱門！無論男女老少、學校單位、公司行號、台北、台中、台南、台東……只要跟孩子有關的大人都非常需要。

隨著我對薩提爾與阿德勒正向教養的學習與內化，每次演講內容愈來愈不一樣，常會融入更多這兩方面的元素。

在這次演講過程裡，我即興融入了一些正向教養與薩提爾的內涵，分享如何有效應對孩子的情緒，當自己有情緒時可以怎麼做，如何用一致性姿態與孩子互動，包括創造有覺知的對話、表達對孩子的關愛，以及表達大人內在的感受。除了說明外，還有一些和現場參加者的對話示範與體驗式練習。

講座結束後，澤倫主動說要載我到高鐵（其實我已經打算叫計程車了，因為學校下午還有家長訪談）。到了車上他才告訴我，原來今天的內容讓他內心有許多共鳴與感動。其實我頗為驚訝，因為整個講座兩個多小時，當我偶爾看看他時，總覺得他臉上沒什麼表情（或許他是十分內斂的人）。他說，今天的講座對他相當有啟發性與學習。他認為我現在正在做的事情，能夠補足一直以來許多蒙特梭利老師不足之處。

蒙特梭利教育並不強調以成人為主導，認為孩子才應是主導自己的人，成人只是孩子與學習環境的橋樑，最重要的是要引導孩子與環境連結，讓孩子產生自發性學習。但前提是，我們本身也要是預備的成人（a prepared adult），才能如實幫助孩子。要怎麼預備呢？

澤倫說自己多年來透過信仰的力量，獲得許多心靈上的覺察與自省，但他不知道如何讓其他老師了解。今天聽完我分享後，他很感動、很有感覺，因為我講的東西確實是能「打」到現場觀眾、讓觀眾有實際體驗與學習的。這番話讓我發覺自己已經跳脫了蒙特梭利框架，能更全面、更有效的幫助成人。

在我下車前，澤倫握著我的手，希望我一定要把這些內容統整起來再寫成一本書，讓我們蒙特梭利人能有更完整的能力來幫助孩子。

下車後，我看著澤倫的車慢慢走遠，想著他說的話，內心很感動。因為我沒想過原來自己正在做的，在別人眼裡是一件這麼重要的事。

一開始學習阿德勒、接觸薩提爾，我只是單純想著，若能把蒙特梭利、阿德勒與薩提爾三家之長統整起來，將會是一件多有趣、多美好，並且能幫助老師與家長的事啊！但一直以來，這也只是個想法而已。在學習、消化與統整的過程中，我充滿快樂，浸潤在「學而時習之，不亦說乎」的體驗裡，不時把學習心得以文字或現場演繹的方式分享出來，自娛娛人。

沒想到這位我剛入門時所景仰的師兄，對我目前所做的事如此寄予厚望，更讓我感覺到這件事的重要性與必要性，任重而道遠。所以，我決定把這份蒙特梭利、阿德勒與薩提爾的學習與統整心得報告記錄下來，寫成一本書，希望各界前輩多多賜教。

蒙特梭利博士說，每一個在世界上的存在，都有著與生俱來的「宇宙任務」。或許，這就是我這階段人生歷程的「宇宙任務」了。

此書包含三種理論，分別對應到三個篇章。

第一部分從蒙特梭利的理論講起，主要闡述孩子的內在發展需求（inner developmental needs），幫助家長更了解從孩子外表看不出來的重要發展祕密，以及成人可以做些什麼來回應孩子。在這部分，我們也會釐清許多目前坊間的教養問題，例如孩子一直哭要不要抱？孩子討抱時要不要抱？不准孩子做的他卻一直做怎麼辦？孩子一直不打招呼要不要規定他？孩子一直問問題要不要叫他休息？

第二部分導入阿德勒的正向教養，主要說明培養孩子擁有正向人格的關鍵，要小心預防的各種地雷，以及正向教養的具體做法。我將為大家介紹教養育兒的各種有效「工具」，只要把這些工具使用方式加以練習、融會貫通，從此以後遇到各種大小問題，你都可以自己「修理」得好。

第三部分則是薩提爾的冰山理論（Iceberg Theory），不僅說明冰山如何幫助我們檢視自己與孩子的內在，還會說明當孩子或大人遇到情緒時，給予當事者「情緒急救」的正確步驟。又或者當孩子遇到一些事件被驚嚇、內心受到創傷時，我們可以透過什麼方法，幫助孩子釋放心裡的情緒。最後會探討「內在小孩」對成人的影響，以及討論該如何找到內在小孩，與他貼近、相處、對談，最終希望能療癒童年的傷痛，幫助我們成為一個內在更柔軟、心靈更自由、情緒更穩定的成人。

蒙特梭利、阿德勒與薩提爾的結合，雖然是一個偶然，卻是多麼美好的邂逅。這美妙的三角關係，帶出了身為教育者在教養孩子上最完美的平衡。

本書是我做為一個教育者，為了給予孩子更好的教育，在這領域不斷求學的過程中，截至目前為止最完整的一份報告。

願將這份心意，獻給我最愛的孩子，也獻給深愛著孩子的你。

For the Love of the Child.

Part 1

人類傾向

蒙特梭利教育認為，生命演化過程中有一種特殊內在傾向，驅使我們去探索世界、了解秩序、尋求定位、溝通連結、練習工作，帶來自我滿足與更多可能性。教養時若能回應人類傾向，就能引出孩子不為人知的生命潛力。

「人類傾向」[1]是蒙特梭利教育裡一個獨特、劃時代的理論。人類在生命演化過程中，有著一種特殊內在傾向，幫助他們在任何環境裡都能適應與生存，並創造與發展出各種新事物，以提升人類生活品質、傳承人類文明文化，並且滿足人類心靈更高層次的需求。

如果我們希望以自然法則去探討人類的演化，尋求一套最符合自然法則的方式來教育人類，將會發現唯有回應「人類傾向」，並且削弱妨礙「人類傾向」的因素，教育本身才能回歸到基礎，我們才能更了解該如何幫助孩子發展。

人類傾向的定義是「人類內在的自然衝動」，不需經由有意識的計畫，而能驅使個人去從事某些行動或行為，幫助人類生存與適應環境，提供自我滿足感，並永久保存人類精神。

人類傾向是全人類皆有的內在傾向，但在不同人身上會有不同的展現方式。例如每個人皆有「溝通」的人類傾向，但香港人溝通會用廣東話，美國人溝通會用英文，而某些有特殊需求的人則會用手語。這就是所謂的「性相近，習相遠」——雖然本性相近，但在不同的環境與條件薰陶下，會得到不同的發展結果。

人類傾向有無限的潛力，能引發出多樣的行為；它可以被視為人類所有成就背後的原動力，包括偉大的發明、巧奪天工的藝術品、流芳百世的音樂、感動千萬人的著作等。人類傾向是無意識的、自發性的；它是一種創造性的潛能，並伴隨著人一生。但若遇到阻礙，會削弱與轉移這些傾向的正常發展方向。

如果教育能認同人類傾向的存在並給予回應，孩子就能把其內在不為人知的生命潛力，顯露在這世界上。

1 人類傾向（Human Tendencies）會因為不同培訓師的詮釋略有不同，但一般而言可分為十二個項目：探索、定位、秩序、溝通、抽象化、想像力、數學心智、工作、重複、修正錯誤、精確、自求完美。

探索

第一個人類傾向是「探索（Exploration）」。從探索延伸出來的人類傾向，還包括「秩序（Order）」、「定位（Orientation）」、「溝通（Communication）」。

在一個陌生環境下，人類會開始利用各種方式來了解環境，以尋求基本的生活需求（例如食物、庇蔭等），這就是探索。探索也可以說，是人類適應環境、征服環境，並最終利用環境昇華自己的第一步。

「探索」是所有「人類傾向」得以發展的首要基礎，也是人類在任何環境裡面生存、適應，都必須先進行的活動。我們觀察到，其實新生兒在出生之後，就有著想要探索世界的傾向了。

01 從內在到外在的力量

某天有位新手媽媽跟我聯絡，說她的孩子已經三個半月快四個月大，最近出現了一些問題，就是每次喝完奶後就會一直哭、一直哭，需要有人抱，只要抱起來就不會哭。但如果抱一陣子不哭了把他放下來，他很快又會再繼續哭。這樣常常都要抱起來、放下來，抱起來、放下來……媽媽覺得很累，但一直抱著好像也不是辦法。所以，家裡的老人家就跟她說：「小 baby 不要常抱，不然會把他寵壞，養成習慣，以後就不能不抱了。」這位媽媽針對這問題徵詢我的看法。

我問這位媽媽：「小 baby 在喝完奶之後，是不是還滿有精神的？」

媽媽說：「是。」

我再問：「那他喝完奶之後，你是不是就把他放到嬰兒床裡面呢？」

她說：「是。」

我繼續問：「那嬰兒床是不是四邊都有木頭高高圍起來，孩子躺在裡面就像在監獄裡面的那種？」

媽媽聽了笑笑說：「是啊！」

我接著問：「那這小 baby 躺在嬰兒床上面，眼睛是不是只能瞪著天花板呢？」

媽媽說：「是。」

我問她：「那天花板是不是白色的什麼都沒有？」

媽媽回答：「是。」

寶寶以哭泣表達需求

經過以上確認，我跟這位媽媽說：「如果從今天開始，你老公把你綁在床上，然後床四邊都設圍欄，弄得高高的就像嬰兒床一樣，你在上面被綁著不能動，每天你只能在吃東西的時候離開，吃完東西後就要被綁回去床上躺著，瞪著白白的天花板。你覺得這樣下來三、四個月，你會哭還是會心理變態？」

媽媽想一想，有點尷尬的笑著說：「我想我會心理變態吧！」

我說：「對，孩子其實也是一樣。就算是三、四個月大的小 baby，也有著很多『內在發展需求』需要被滿足。小 baby 絕對不是只需要吃飽睡、睡飽吃，什麼都不用做，就可以乖乖安穩長大。如果他的生理需求沒被滿足，例如肚子餓但你不給他吃東西，他就會用哭來表達。同樣，如果我們沒有回應他的心理發展需求，孩子也會感到不安，心裡就會不舒服，最後也會用哭來表達不安。」

如果這時候大人覺得：「哎呀！小 baby 不要一直抱，因為太常抱他會寵壞。」所以決定放給他哭，不理不抱，心想他哭久了就不會再哭了……那可就糟了！一個小 baby 如果連哭出來都沒人理會，他將感到更無助、更沮喪。慢慢他就會覺得：

(1) 當我哭的時候，沒有人願意理我，我不被在乎。

(2) 當我有需要的時候，這世界無法回應我的需求。

小 baby 持續哭一段時間後，會從原本的焦慮慢慢變成憤怒，哭得愈來愈大聲：「怎麼沒有人理我？」但當他最後發現無論怎麼哭，都不會有人來關心時，心裡就會慢慢感到失望、無助，最後逐漸收起哭泣——這是一種「原來，不會有人理我」的失落與絕望。

或許，這時在旁邊的大人還會覺得：「太好了，他終於不哭了。」

為了生存，小 baby 會把自己的悲傷與失落隱藏起來，配合環境回應他的方式。隨著他逐漸長大，或許會成為一個很少哭鬧、又乖又聽話的孩子，但其實他心裡的受傷程度，是沒有人知道的。所以，若大人習慣放著讓小孩哭，不做任何處理，不但會對孩子造成影響，甚至可能導致孩子以後歸屬感與價值感低落、對外界不信任等人格。

孩子透過感官刺激來認識世界

美國「正向教養協會」創始人簡．尼爾森博士（Dr. Jane Nelsen）在《溫和且堅定的正向教養》（*Positive Discipline*）一書中強調，要幫助孩子發展正向人格，最重要是在其成長過程裡，保有孩子的「歸屬感（Belonging）」與「價值感（Significance）」。這兩個基礎穩固了，孩子才能逐漸發展出自信、勇氣、負責、尊重、關懷等正向人生態度。

所以，大人除了用錯誤教養方式（如打罵、處罰、威脅、恐嚇、命令等）會削弱孩子歸屬感與價值感外，忽略、無視孩子的需求，也會對他造成傷害。

那麼，這時候如果我們把嬰兒抱起來，會發生什麼事呢？

首先，他會覺得：「有人在乎我、關愛我，我是值得被愛的。」因此他會有「歸屬感」。

另外，他也會覺得：「我的哭、我的撒嬌是有價值的。」他會有「價值感」。

他還會覺得：「我的需求是會被回應的！」他會對世界產生「信任感」。

同時，把小 baby 抱起來，能回應到他的「人類傾向」。

「探索」是一種無意識的內在衝動，需要與環境互動，才能夠被回應。所以當孩子醒著的時候，眼睛睜開了、喝完奶了，他很清醒，心裡的這股內在衝動就會驅使他想要做些什麼，來滿足這「探索」環境的需求。這小生命縱使還沒有發展出許多動作，尚未懂得抓握、爬行，但已經能藉由「感官」——他的眼睛、耳朵、身體、鼻子甚至舌頭——與外界接觸，探索世界。

孩子藉由感官，將外在環境與內在心智連結，藉由周遭人、事、物給予的各種感官刺激，來幫助自己認識世界、了解世界，並透過感官吸收到的各種資訊，建構自己的語言、動作、意志、智能與情感，進而讓他成為一個符合當代文明與文化的新人類。

當媽媽把孩子抱起來的時候，他的身體會感受到被抱著，觸覺會受到刺激，同時也感覺到被媽媽抱著的溫暖。

這時，媽媽可能會跟他說一些話，例如說：「乖哦，小 baby。不要哭哦，媽媽在你身邊，媽媽愛你哦。」當他聽到這些聲音，聽覺也受到刺激了。

同時，從嬰兒床被抱起後，孩子的眼睛不再只能看到白白的天花板或四周的圍欄，而是能夠環顧四周，就能夠利用視覺來做全方位的探索。孩子這時候會感到一種驚喜：「啊，原來我住的環境是這樣！」

在孩子視覺、聽覺與觸覺接收到外界刺激的當下，不但能回應其「感官敏感期（Sensitive Period of the Senses）」的需求，同時也進一步回應「探索」這個人類傾向——他能藉由感官搜尋外在環境，逐漸探索與認識自己所屬的世界。當我們願意把孩子抱起來，他的心智就得以發展，心靈就會感到滿足，生命因此變得豐富，自然就不會哭了。

所以在生命成長的過程中，若成人能了解孩子「內在發展需求」，並尋求正確的方式來回應他們，孩子就會逐漸成為一個「信任環境並能實現自我需求」的正向個體。同時，他也將能在保有「歸屬感」與「價值感」的情況下漸漸長大，為往後的正向人格打好基礎。

02

回應孩子的內在發展需求

一般而言，大人不想抱孩子的原因，通常是因為還有其他事情要忙，譬如要煮飯、要做家事、要出去買菜，或是有公事要處理等。當小 baby 動不動就要人抱的時候，大人會覺得自己的生命被綁住了，沒有自由，沒辦法做想做的事，只能一直應付著這不斷哭鬧討抱的孩子。漸漸的，大人會覺得很沮喪、厭煩，並開始擔心抱多了會把他寵壞。所以，有些人就會這樣想：「那就讓他哭，他哭夠了就會習慣。」

現在我們知道，放任小 baby 哭很可能會對孩子人格發展造成影響，但難道真的要一直抱著嗎？是否有其他方法可以幫助孩子呢？

在蒙特梭利教育裡，正好有些教具能回應此階段嬰兒的內在發展需求。對零到三個月的嬰兒來講，運用不同的蒙特梭利視覺吊飾，例如：黑白吊飾（Munari Mobile）、舞者吊飾（Dancer Mobile）或漸層球吊飾（Gobbi mobile），都能讓嬰兒在醒著的時候，藉由注視著吊飾，來回應他某部分的內在發展需求。

幼兒從出生後到一歲的視覺發展極為迅速，尤其前四個月的發展更是重要。因為新生兒的視力大概只有三十公分左右的距離，聚焦能力也還沒有很好（看東西會濛濛的），所以建議使用簡單、有美感、顏色不要太多、不會轉動太快的吊飾。

把吊飾掛在嬰兒上方大概三十公分處（不宜掛在頭的正上方，這樣會太有壓迫感），吊飾就會隨著空氣對流自然、緩慢的轉動。當孩子看到吊飾時，很容易就會被吸引住，開始專心看著吊飾。在當下，他的專注開始

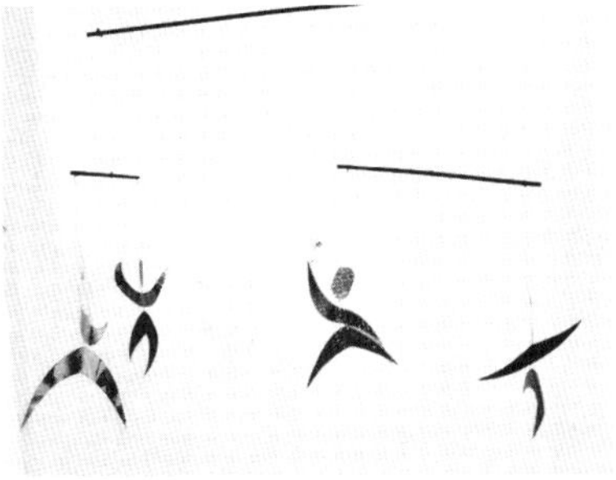

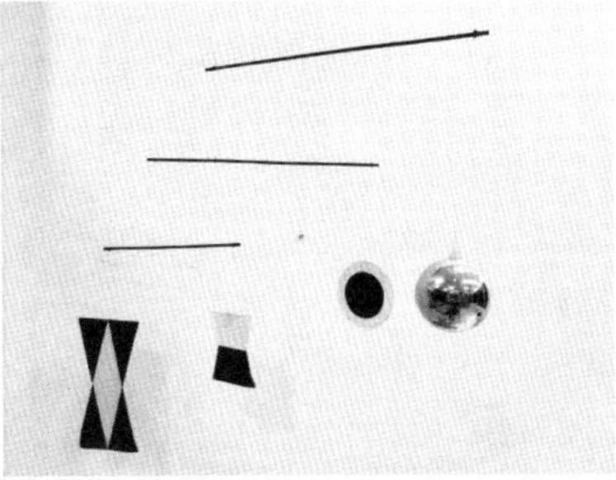

了，探索環境的需求被回應，感官刺激的需求也被滿足，此時嬰兒的生命發展能量，就會藉此被導向一個有目標性的方向發展，心靈就會感覺到穩定、滿足，他就能安穩、不哭。

所以，當天我對那位猶豫要不要抱孩子的媽媽如此說明後，就借她一個黑白吊飾帶回家。晚上她先生下班，照著我的指示把吊飾掛起來。

第二天下午，我接到一通電話，是那位媽媽打來的。她欣喜的跟我說：「老師，好神奇耶！孩子喝完奶後很專心的看著吊飾，沒有哭了。」

因為肚子飢餓而哭的嬰兒，喝了奶之後就不會哭；由於心智匱乏而哭的嬰兒，內在發展需求被回應後，也就不會哭了。我很慶幸有把這麼重要的觀念告訴那位媽媽，幫助一個剛出生沒多久的小生命，免於受到錯誤教育方式的影響。

不要拒絕孩子犯錯後的討抱

很多家長都曾問我這個問題：「孩子做錯事被修理完後想討抱，我到底要不要抱他？」

其實孩子討抱的原因很單純，是因為他知道自己犯錯了，或是被大人責備後內心感到受傷，歸屬感與價值感變得比較低落，所以想確認大人是否還愛自己、自己是否還有價值、值得被愛。

這時，我們應該給予孩子擁抱，藉由這動作讓孩子了解：「雖然你犯錯了，爸爸/媽媽有罵你，但我還是很愛你，不會因為你做錯事責罵你，就不愛你了。」擁抱不但能讓孩子當下的內心獲得療癒，還能避免他因為歸屬感與價值感低落，引發出種種問題與不當行為（詳細說明請見第一八九頁）。

不過有時候家長不想抱孩子，可能是出於某些原因。

最常見的是，家長誤以為這時如果抱了孩子，他會覺得自己被原諒，結果可能很快就忘記這次的教訓。為了讓孩子「從錯誤中學習」，必須讓他「受多一點苦頭」，對這次的經驗「刻骨銘心」，以後才會記住不再犯同樣的錯。但這樣其實只會造就一個感覺更挫敗、歸屬感與價值感更低落的孩子，不會對他的正向人格發展有任何幫助。

另一個是，家長在責備孩子時，自己也很生氣，所以當孩子哭著來討抱時，藉由拒絕來報復孩子。這樣做不但會減損孩子的歸屬感與價值感，也會讓孩子學習到以後用報復的姿態來應對別人。

其實以深一層的角度來看，當孩子不聽話時，媽媽當下感到很難過、很挫敗，覺得自己是一個失職的母親，而這失職又讓她覺得自己沒有價值。她在內心深處期待自己是一個盡責的好媽媽，（有誰不是呢？）但當孩子不聽話的事件一再發生，她不單對孩子的包容用完了，對自己的包容也用完了。

看見當下充滿挫敗與失職的自己，媽媽對自己的期待落空了，不但感到難過，更不喜歡這樣的自己。所以她開始「生氣」，想要用生氣的力量來對抗心裡這種難過、挫敗、不舒服的感覺。

而看著眼前做錯事大聲哭鬧，還想討抱的孩子，媽媽當下更出現一個觀點：「你哭什麼？我現在感覺這麼糟，都是你害我的！」所以這時媽媽爆炸了，她把心裡的氣發洩在孩子身上。就算明知道孩子哭應該要抱，她還是拒絕。

為什麼拒絕擁抱孩子？因為當下媽媽也無法擁抱自己，她覺得自己沒有歸屬

感、沒有價值感。試問沒有愛可以給自己的大人，又怎麼有愛給孩子呢？她其實不是不愛孩子，而是當下自己的「溫柔」已經用光了，才會拒絕孩子啊！

之前有位媽媽來信告訴我，她已經不知道要怎麼用溫柔的方式來教導孩子了。在此分享這位媽媽的問題及我的回覆。而其他幫助自己以更正向的方式來引導孩子，還有幫助自己和孩子情緒恢復穩定的具體做法，我都會在本書中一一為大家詳細說明。

羅老師您好：

女兒現在兩歲八個月，最近發生了幾件事，我實在不知道要怎樣用溫柔及同理的方式去理解跟教導她。

事件一

我目前住在美國，有史以來第一次在大賣場找不到人，我很慶幸的是，她沒遇到壞人把她帶走，心急如焚的我找很久，最後有個路人跟我說有看到這孩子，帶著我去找回，但我看到她時，她並不知道自己走丟，還一直在商場裡奔走。我跟她說我找不到她，以及如果遇到壞人就看不到媽媽，但她回我說「沒有壞人」，我實在對這句話很無奈。為了這事，我足足重複講了一整晚，她才稍微有反應，她說知道自己跑不見很危險，但我不確定她是不是真的知道。

事件二

我堅持很久不讓小孩看的 YouTube 被隊友給打破，結果她看了一整個晚上，外加大了便還不願意去換尿布。這中間我都有跟她說要換尿布，最後硬抓硬拖著去換，她大聲尖叫又大哭，後來還不願意穿尿布，躲在桌底。我情緒崩潰的對她說：「讓電視陪你，不准進房睡。」後來她要進房睡，我抱她去沙發，說明我很生氣她一直看電視，今天不准進房睡覺，只能睡這裡，她回我說這樣沒辦法睡，因為沒有枕頭跟棉被。後來她拿了棉被和枕頭就在外面睡了。

請問老師，遇到這樣個性的孩子該怎麼教導？該用什麼方式引導？或者真的要使用棍子與壞壞結合的方式教嗎？最近有人建議我要處罰，但我不想用武力解決！女兒真的聽得懂我說的事情嗎？謝謝。

您好：

我是羅老師，辛苦您了。

從您的文字裡，我感受到您心裡似乎有著許多焦慮、恐懼、憤怒與沮喪的情緒。我想，在討論怎麼教養孩子以前，您可以先安頓自己的內心，先疼惜這位這麼認真的媽媽。

我想要請您謝謝自己為了孩子，在這將近三年來每天對孩子的貢獻，以及感謝您自己一路以來對孩子的付出與努力。

因為，您的孩子值得被您善待，您也值得被自己善待。

很多時候擊垮一個人的不是事件，而是事件帶給我們的情緒。我們都急著想處理事情，但往往忘記必須先回應自己的內在。內在若沒有被安頓，怎麼可能好好應對外在的事件呢？

您願意先安頓自己的內在嗎？若願意，我們一起進行以下步驟：

(1)孩子走失的恐懼緊張與焦慮，您安頓了沒有？若沒有，告訴自己：「我體驗到我的緊張與焦慮，我陪伴我的緊張與焦慮，直到它淡去為止。」

(2)隊友破壞您規範而產生的憤怒與沮喪，您釋放了沒有？若沒有，告訴自己：「我體驗到我的憤怒與沮喪，我陪伴我的憤怒與沮喪，直到它淡去為止。」

(3)孩子一再不接受您提醒的無助與厭煩，您釋放了沒有？若沒有，告訴自己：「我體驗到我的無助與厭煩，我陪伴我的無助與厭煩，直到它淡去為止。」

這個被各種情緒轟炸的媽媽，有沒有被其他人好好善待過？如果沒有，媽媽自己有做些什麼事情來先善待自己嗎？

我覺得，您可以學習欣賞與疼惜自己。您有著許多的困惑，是因為您很愛您的孩子，您想要當一個好媽媽。

而您一直以來確實也非常努力。就連現在已經半夜了，您還寫信給我，問我關於教養孩子的問題。

我看到您對孩子的用心，我看到您對孩子的愛，我覺得您是一位很認真的媽媽。您有看到嗎？您可以學著欣賞自己的用心，疼惜自己的努力嗎？

無法對孩子溫柔，是因為我們內心的溫柔用光了。善待自己，欣賞自己，疼惜自己，內心就會有更多溫柔的資源。

羅老師

秩序與定位

當生命來到這個世界，他會透過「探索」環境，了解環境中的「秩序」來尋求「定位」與歸屬。

秩序（Order）：意指人、事、物之間的對應關係。人類想要了解環境中不同事情的相互關係（interrelations），以幫助自己在環境中產生安全感，並建立預測的能力。

定位（Orientation）：意指在探索過程中以自己為中心點，從中開始了解自身與外在環境的關係，例如方向（前後左右）、距離（遠近）、空間比例（高低大小）等，並建立秩序。

人類需要先有基本「定位」，才能開始了解自己與環境的「秩序」；但也需要從「秩序」裡找到更多資訊，才能修正起始的「定位」。所以秩序與定位是彼此互相增上的，秩序包含定位，定位也包含秩序，兩者應該看成是「一」而不是「二」。

從環境中獲得一個又一個「秩序」概念後，個體就能確認自身「定位」與歸屬。例如我們第一次到某間餐廳吃自助餐，進去以後會開始環顧四周，探索環境（秩序）。坐下來之後（定位），我們會進一步想了解大門在餐桌的哪個方位、洗手間離我們多遠等（秩序）。

我們不需要有意識的告訴自己，現在要開始探索、秩序與定位，因為人類到哪個新環境都會自然而然如此做，這再次證明人類傾向是一種無意識、自發性的內在衝動（unconscious inner urge）。

然後，我們在餐廳裡會找到食物區（秩序），方便等一下去拿東西吃；甚至會注意自己最喜歡的食物在哪個方位，以便拿完食物後，回到自己的餐桌享用（定位）。

秩序與定位是幫助人類適應環境、在環境中生存的人類傾向，對孩子而言更是重要，因為它能提供孩子對環境的安全感與信任感，了解自身與環境的相互關係。

試想，假如我們今晚下班，吃完飯回家的時候，突然發現自己住的房子消失無蹤、不見了！我們會有什麼感想呢？肯定是非常困惑與焦慮。對成人尚且如此，對孩子的影響則更為巨大。在孩子的生活環境裡，成人若不經意做出更動，都會讓孩子有這種感覺，而且愈小的孩子受到的影響愈大。

01

孩子透過外在秩序，建立內在秩序

蒙特梭利博士說過，「孩子透過外在秩序，建立內在秩序（A child constructs his inner order through the outer order）」，外在秩序穩定，孩子的內在就會安穩；外在秩序混亂，孩子的內在就會不安。

為了從小培養良好秩序，**我們會希望在孩子成長環境中的人、事、物等秩序，最好不要隨意變動，讓孩子有機會去熟悉環境、定位自己。**若有無法抗拒的因素必須做一些更動，大人應該事前告知孩子，讓孩子有心理準備，並幫助他在轉變過程中重新適應。

當孩子已經藉由重複探索而認識環境後，假如原有的環境改變了，孩子除了會感到混亂與困惑外，還必須重新定位自己，再次尋找環境中的秩序，這樣會耗費孩子大量的能量，這些能量本來是用來發展自己、建構自己內在心智的，現在卻又要用來再重新定位，這對孩子是沒有幫助的。

所以蒙特梭利教育強調，成人需要為孩子設置一個預備的環境[2]，讓他可以在其中安心生活、發展心智。這環境應該在孩子進入前就事先預備好。

對於居家日常的生活環境，例如大型家具定位好以後，就不應該再更動。櫃子上的各種用具，建議不要輕易改變其擺放的固定位置，也不要時常替換。如果必須做更動，可以預先說明，然後親子一起動手，讓孩子親身參與。

「教育從孩子出生時就開始（Education starts when life begins）」，父母若能了解孩子與生俱來的內在發展需求，就能幫助孩子在需求被回應的情況下茁壯成長。

秩序敏感期：零到四歲

除了天生有「秩序」的人類傾向，孩子在零到四歲更處於「秩序敏感期

（Sensitive Period of Order）」，高峰期為一到三歲（亦有學者認為是六個月到兩歲半）。「秩序」的發展對人類極為重要，它不僅能提供安全感與信任感，更是心智發展的基礎。

正值秩序敏感期的孩子，會對環境中人、事、物之間的對應關係，有著強烈的固定需求。他會很執著與堅持自己所認知的秩序，是一個標準的「控制狂」。因此，有規律的作息不但能幫助孩子建立內在心理時鐘，給予孩子安全感，還能幫助孩子發展穩定的情緒。在固定時間做固定的事，有著固定的步驟與程序，是這段期間的孩子很需要的。如果不是這樣，孩子對秩序的需求沒有被回應，就很容易產生不安、焦慮與哭鬧。

2 預備的環境（a prepared environment）是蒙特梭利教育重要的核心理論，也是具體蒙特梭利教育的落實方式。簡單來講，是成人透過長期觀察，了解孩子在某特定發展階段中有哪些「內在發展需求」後，為孩子所預備的成長環境。此環境不但適合孩子在其中生活，裡面各種活動也能回應孩子生理、心理發展需求，達到教育的目的。

不同發展階段的孩子，有著不同的內在發展需求，所以也會有不同的預備環境。零到一歲的預備環境稱為 NIDO（意即「鳥巢」）；一到三歲的環境稱為 IC（Infant Community，意即「幼兒團體」）；而三到六歲的環境是 Casa da Bambini（意即「兒童之家」）。

舉例來說，當孩子還很小就帶他出國旅行（尤其在秩序敏感期高峰），可能會因為大環境秩序變化太大，造成他的不安與困惑，引起許多的哭鬧，甚至可能會生病。若逼不得已要出發，務必事先向孩子說明我們將要去什麼地方，那邊會發生什麼事，那邊的人、事、物跟我們現在的環境有什麼不一樣。甚至可以更具體一點，給孩子看一些當地衣、食、住、行的照片或影片，這樣會幫助他降低不同環境帶來的衝擊。

最後，大人請記得，孩子在適應期間是不會太安穩的，很可能會出現許多哭鬧。我們必須要做好心理準備，不要以為孩子是在無理取鬧而責備、處罰他，對他落井下石。

想當年我到美國丹佛進修「AMI國際蒙特梭利協會」零到三歲師資證照課程時，帶著太太和兩歲兩個月的孩子一起過去。我心想孩子可以到美國見識一下國外文化，太太可以陪伴孩子，並在我下班後幫我煮晚餐，一舉數得，自以為如意算盤打得很好。

沒想到，那卻是我去美國進修這麼多年以來最痛苦的一次！因為當時孩子正值秩序敏感期高峰，他從小在台灣長大，對所有舊經驗都非常固著；到了美國，整個新環境跟他一直以來的生活方式不同，衣、食、住、行統統不一樣。所以在那邊的兩個月，我兒子就花了一個月適應。

在這段期間，我兒子對環境的不適應出現各種不同的形式。他會躲在房間衣櫃裡不出來，然後坐在洗衣籃裡面，用腳踢著旁邊的行李箱，邊踢邊哭著說：「嗚……要回家了，要回家了。」另外，他也會在飯店房間裡拖著他的小行李箱走來走去，邊繞圈圈邊說：「要回家了，要回家了。」

媽媽每天帶他去公園散步時，只要看到天空有飛機經過，他就會說：「飛機要下來，接我回家了。」

晚上吃飯，吃到美國的青菜時，他會說：「美國的青菜不好吃，要吃阿婆的菜。」他在美國的兩個月，也沒辦法接受美式食物，如漢堡、披薩。所以，每一餐都要我太太自己煮，而且必須是接近台灣的口味他才會吃。

蛋糕是我兒子的最愛，但就連吃美國的蛋糕他也會說：「嗚……美國的蛋糕不好吃，台灣的蛋糕比較好吃。」

最糟糕的是，剛到美國的前兩個禮拜因為有時差問題，所以他半夜醒來後都會大哭著說要回家，或者醒來後就不睡了，我和太太就要徹夜陪伴、安撫他，直到早上快六點他才睡著（淚）。

還記得在旅程結束前的最後一天下午，當地朋友買了很多食物到我們飯店，辦了一個簡單的歡送派對。其中有買一些蛋糕，我兒子吃著吃著，突然說：「嗯！美國的蛋糕也很好吃！」聽到這句話時，我知道他終於適應美國環境了。但，我們也要回家啦！

02

熟悉的秩序能穩定孩子情緒

「秩序」既然與孩子「情緒」息息相關，在日常生活裡，我們就要注意以下幾個事項的固定。

1. 生活作息的固定

例如固定起床時間、固定用餐時間、固定活動時間等。**孩子在幼兒園通常都比在家裡穩定，因為學校每天作息都很規律，比較容易讓孩子安穩。**放完連假後的早上，孩子通常會出現不想上學、哭鬧的情形，這是因為在放假的時候，很多家庭都會比較晚睡、比較晚起床、比較晚吃，做的事情也跟平日不同，破壞了孩子平日培養出來的生活秩序，因此影響了上學，就好像要讓他「重新適應」入學一樣。

這種情形通常到四歲半左右，隨著孩子的敏感期結束，意志力也比較強的時候，會變得好些。

2. 做事方式的固定

這是孩子對做事要有固定順序與步驟的觀念，例如早上起床以後，要照著順序來尿尿、洗手、刷牙、洗臉。這對孩子養成良好習慣與正確邏輯是很重要的。但在秩序敏感期高峰，孩子的這種固著行為可能會讓一些家長感到困擾。

一位媽媽曾經寫信問我一個問題。

她說孩子目前將近三歲，平常早上出門的時候，她都習慣讓孩子先上車，再把他的書包拿到車上。但今天早上因為比較趕，所以先把書包放到車上，再讓孩子上車。結果，孩子上車時看到書包已經在車上了，竟然馬上崩潰，哭著說書包不可以在車上，要等他上車後書包才可以上車。當下，媽媽感到非常困惑，不知道孩子為什麼突然變得這麼控制狂，而且擔心現在孩子就這麼不講理，一點小事情就這麼情緒化，以後長大該怎麼辦。

我告訴這位媽媽，孩子目前正值秩序敏感期高峰，對固定的做事方式非常固著，是絕大多數孩子在這年紀都有的情形。等到四歲過後，秩序敏感期結束，孩子對環境秩序的改變就會比較「淡定」，比較能接受了，所以不用太擔心。**這時期配合孩子，是回應他對「做事固定模式」的秩序需求，並不會「寵壞」他。會寵壞孩子的因素，通常是因為過度保護、過度溺愛，或是過度放縱而造成，而不會是因為回應孩子內在發展需求所致。**

普遍來講，大人比較看不懂小孩這種年紀跟秩序敏感期有關的哭鬧，常誤以為這是孩子在叛逆期故意刁難媽媽的招數。所以我特別把內在需求沒被回應的具體事件描述出來，希望能讓家長更懂得分辨，減少跟孩子之間不必要的鬥爭。

3. 外表相貌的固定

當主要照顧者的樣貌有所改變時，很可能會讓孩子感到不安、焦慮，甚至哭鬧。我有位朋友某年夏天因為覺得長頭髮很熱，所以把頭髮剪到齊肩，還把它燙得捲捲的。沒想到回家後，當時她兩歲三個月大的兒子看了不但不欣賞，還皺著眉頭說：「我不喜歡這樣的媽媽！媽媽不是這樣的，媽媽是長頭髮的！你不是我媽媽！」她怎麼解釋都沒用，最後孩子還哭了。

幸好我朋友很快就意識到，這是因為孩子正值秩序敏感期，對媽媽固有的外表很執著，才會如此哭鬧。所以，她對兒子採取**「深深的同理，淡淡的處理」**——用**包容與接納的心去面對他當下的哭鬧，同時決定不一直跟他解釋、說明、講道理，而是讓孩子慢慢把情緒宣洩完，逐漸恢復穩定。**

為什麼不要講道理呢？因為不論大人或小孩，在有情緒時是沒辦法聽進道理的，俗話說：「不要跟不講理的人講道理。」通常在孩子有情緒的當下一直講道理，只會讓他愈來愈情緒化。至於要如何有效處理孩子情緒，我會在後面的章節深入探討（詳細說明請見第三三二頁）。

其實，孩子不是在道理上不理解媽媽為什麼要剪頭髮，而是因為頭髮剪短的媽媽看起來跟之前不一樣，無法回應孩子對外表的秩序需求，所以才會產生情緒。**這種因為秩序無法被回應而產生的情緒，對兩到三歲的孩子來說，通常要歷時三十分鐘左右，才會慢慢恢復穩定。**

所以在這種情況下，我們要思考的不是「要怎樣才能讓孩子不哭鬧」，而是「自己要怎樣才能不生氣」。因為成人這時內在愈安頓，孩子通常愈容易穩定下來。後面我會再進一步介紹如何安頓內心（詳細說明請見第三一〇頁）。

4. 形態信念的固定

秩序敏感期的孩子對物品形狀有固定的信念，例如窗戶是方的、碟子是圓的等。有一年暑假，我們一家去花蓮友人家裡住了幾天。當時朋友的孩子大約兩歲，仍未上幼兒園。當我們準備吃早餐時，這孩子一直瞪著碟子的麵包看，媽媽問他：

「怎麼了？」他一邊看著麵包一邊說：「這個是碟子嗎……？」

當天早上我們用一個方形碟子來放麵包，是昨天在街上買的。媽媽說孩子習慣的是圓形碟子，應該是對方形碟子感到很新奇。她笑著回答兒子：「是啊，這個是新的正方形碟子哦。你一直以來都是用圓碟子，但今天我特別用一個方碟子給你裝麵包哦，你覺得很奇怪，是嗎？」

孩子聽完媽媽說的話，繼續頭低低看著碟子，邊看邊說：「這個方的……是碟子嗎？」

媽媽說：「是的，你平常用的碟子是圓的，今天我給你用的碟子是方的。」

但孩子繼續頭低低看著碟子，邊看邊懷疑的說：「這個方的……是碟子嗎？」

媽媽再回答：「是啊，這是方碟子。」

孩子仍舊頭低低看著碟子，邊看邊困惑的說：「這個方的……是碟子嗎？」媽媽又回答：「是的，不用懷疑，這個方的是碟子……。」

孩子把同樣的問題重複問了十幾次。媽媽本來笑著回答，不過到後來已經笑不出來了。

「這個方的……是碟子嗎？」孩子最後一次問的時候，媽媽按捺住煩躁的情緒，一個飛身把餐桌上的麵包和碟子用擒拿手取走，然後飛快到廚房從櫃子裡拿出一個他平常習慣用的圓形碟子，把麵包放上去，再緩慢且優雅的把碟子放回桌上，用和善且堅定的語氣跟他說：「這是你平常習慣用的圓形碟子。」

我們屏住氣息，等待孩子下一個回應……。

他看了一下沒再說話，就把麵包拿起來吃了。

這果然是秩序敏感期孩子會做的事。當下心裡著實有一種終於打敗魔王破關的感覺（汗）。

5. 人際關係的固定

這是孩子對什麼事情該由誰來做的固著性，例如會認為送自己上學的都是媽媽，接他下課的都是爺爺，假如有變動就會崩潰。

記得在孩子兩歲一個月大時，我受邀到宜蘭凱旋國小進行兩天的研習課程。

由於在宜蘭有認識的朋友，所以我此趟順便帶著孩子和太太一起去宜蘭玩。當天我們從新竹出發，而為了避免在雪山隧道塞車，所以早上五點就啟程。記得出門時天色還是黑的，我將仍在熟睡的兒子抱到車上的安全座椅，替他扣上安全帶，心想：「兒子啊，爸爸今天要帶你去宜蘭玩哦。」

早上走高速公路還算暢順，出了雪隧後我看看手錶，大概七點半，距離研習開始還有一個半小時，心想時間還算抓得不錯。我們在路邊便利商店前停下來，去買飲料來喝。這時兒子醒來了，我們帶他下車走動走動，上個洗手間，休息一下。

大概十分鐘後，我們準備上路，繼續前往宜蘭。太太體貼表示可以由她開車，因為我等一下九點就要開始工作，直到下午四點才結束，不妨先在後座休息一下補個眠。於是我把車鑰匙給太太，她坐到駕駛座，我則到後座休息。

沒想到才一上車，坐在我旁邊安全座椅上的兒子就開始焦慮的說：「嗚……不要爸鼻坐後面，不要爸鼻坐後面了。」

已經坐在駕駛座上的太太把頭轉過來，看著兒子溫柔的說：「羽辰，因為爸爸很早就醒來開車，所以現在換媽媽開車囉！」但兒子仍焦慮的說：「嗚……不要媽咪開車，要爸鼻開車，要媽咪坐羽辰旁邊。」

媽媽繼續溫柔的跟孩子解釋：「羽辰，爸爸太早起來了，等一下爸爸要工作，所以要讓爸爸休息一下哦。你想要讓爸爸休息一下嗎？」

兒子竟然說：「不用，不要爸鼻坐旁邊，要媽咪坐旁邊！」當我聽到他這樣說時，心裡有點受傷……。

媽媽仍嘗試說服正在焦慮的孩子：「但是這樣爸爸會很累，等一下沒有辦法工作哦！所以媽媽現在要開車，讓爸爸休息哦。」

兒子卻仍如鬼打牆般焦慮的說著：「嗚……不要爸鼻坐後面，不要爸鼻坐後面了。」

我和太太有點無言了，當下不知道該如何是好。孩子仍然焦慮重複著：「嗚……要媽咪坐旁邊，要要[3]媽咪坐旁邊。」

我腦海裡靈光一現，突然了解兒子為什麼這麼不講理了，正是因為秩序敏感

3 這是我兒子小時候要強調一件事時，自己發明的說話方式。

期。理解孩子行為背後的原因後，我的「受傷」也釋懷許多，我知道兒子不是故意的。於是我跟太太說：「沒關係，讓我開吧。」太太有點心疼的說：「不好吧，你應該休息一下的。」

我說：「唉，他從小到大，一直以來的認知都是爸爸在前面開車，媽媽在旁邊陪他。現在又處於秩序敏感期高峰，如果我們不換回來，他大概會一路哭到學校，這樣我們也受不了……來吧！」

媽媽聽完也理解了，有點遺憾的同意我的決定，我們又交換座位，我帶著疲憊的身軀繼續開車。果然一換回來，孩子就恢復正常不再哭鬧了。

被「犧牲」的我雖然當下有點無奈，但心裡卻很有理念的想著：「有朝一日，我一定要把這故事寫下來公諸於世，告訴世人小孩子確實有這種秩序的內在需求，不要讓大人誤會孩子只是不講理、愛哭鬧或愛耍賴。這樣，我今天的『犧牲』就有價值了。」終於，我的願望實現了。

正值秩序敏感期的孩子，如果沒辦法找到自己熟悉的秩序，內心會焦慮與不安；又因為孩子在這年紀仍不太會表達自己，所以通常只能用哭鬧來表達情緒，結

果常常惹惱了大人。若家長更了解孩子這階段的內在發展需求，就能減少許多不必要的摩擦與崩潰。

孩子透過外在秩序，建立起內在秩序；也利用內在建立的秩序去確認外在秩序，讓自己對環境產生信任感與歸屬感。如果孩子從小在良好的秩序中長大，他將來就會成為一個內在有秩序、做事有邏輯、生活有條理的成人。

6. 對細小物品的興趣

大概從一歲半到兩歲半，在這段時間的孩子會對環境中的細微物品強烈感到興趣。例如走路時會突然蹲下來專注看著地板，當你問他「什麼事」時，他會指著地上的螞蟻叫你看。其實，他只是想進一步了解這些細小物品個中的秩序與本質而已。這種敏感期，也能回應到孩子「精確性」的人類傾向，所以東西愈小，孩子愈感興趣。

如果遇到這種情形，建議大人放慢腳步，讓孩子有充分的時間去滿足這方面的需求。請不要覺得孩子在大驚小怪、浪費時間。或許一隻小螞蟻對我們來講極其微不足道，但對孩子來說，牠是能在當下回應孩子內在需求的寶物。因此，請大人不要口出惡言，像是說：「這有什麼好看的！」「唉唷！這只是一隻小螞蟻而已，快點走啦！」以免壓抑了孩子與生俱來的發展潛力。因為，我們都希望孩子可以茁壯成長，但障礙孩子成長的元凶，往往都是我們。

前面提到我和兩歲半大的兒子在美國住了兩個月。每天傍晚太太煮晚餐時，我都會帶兒子到飯店旁邊的櫻桃溪步道散步。當時正值七月，沿路開滿蒲公英。微涼的異國傍晚，夕陽把天空晚霞染成一片金黃色，走在兩旁長滿蒲公英的步道非常愜意。我兒子緩慢沿路走著，觀看地上與四周的風景，並且不時蹲下來，邊看邊問我同樣的問題：「這是蒲公英嗎？」「這是螞蟻嗎？」

我會在後面跟隨著他，讓自己內心也慢下來，好好享受與孩子在當下的一切，並以真誠的態度回應他：「是的，羽辰，這是蒲公英。」「是的，羽辰，這是螞蟻。」我不急著帶他往前走，也不急著告訴他任何我看到的東西，而是盡可能在後面安靜跟隨著他、觀察著他，讓他藉由內在導師（inner teacher）的引領，帶著他做能豐富自己生命的事。

因為，他的內在導師遠比我清楚，他當下需要的是什麼。我也清楚知道，大人跟孩子想要的，其實很多時候都不一樣。

如果成人能放下自己主觀的評估與判斷，以更客觀的態度來觀看孩子，我們就能慢慢看清楚孩子當下在做什麼，以及了解孩子為什麼會這麼做。

或許在這時候，我們就能窺探到「人類傾向」這股祕密的力量，正悄悄引導著孩子，幫助他完美自己的生命發展藍圖。

溝通

為什麼剛出生的孩子沒任何人教，就懂得用哭聲來吸引大人的注意？因為他想要表達自己，讓別人了解他的需求——這就是「溝通（communication）」。

「溝通」是極為重要的人類傾向。人類的所思所想，必須透過「溝通」才得以傳達。有了溝通的需要，語言才得以發展。透過溝通，人類在不同地區、不同時代的生活經驗、文化與文明才得以傳承。人類如果不懂得溝通，思想無法讓別人理解，就永遠無法昇華自己族群的文化，也更容易遭其他族群侵略而滅亡。所以，溝通不但讓人類得以存活於地球上，也幫助人類的歷史與文明不斷演化。

語言是人類相互溝通的工具，也是彼此內在連結的橋樑。

「語言」是人類特有的溝通方式，雖然許多動物也有傳遞訊息給同類的能力，但科學家並不認為這些溝通系統的多樣性與複雜性，足以被稱為語言。蒙特梭利博士說：「語言創造了人與人之間的聯繫，並允許某人的思想能被他人理解，人類利用語言來發展並增加能力，如同人類使用語言依照他們心智上的需要來成長並擴延，或許我們可以說，語言隨著人類的思想而成長。」

「語言」使人類得以溝通與連結，共同創造世界。它是締造人類社會性行為（social behavior）的基礎。但其實人類與自己溝通、思考，也需要仰賴語言。因此，孩子在零到六歲發展階段，擁有「吸收性心智（Absorbent Mind）」與「語言敏感期（Sensitive Period of Language）」，幫助他吸收語言、建構語言、發展語言。**語言敏感期也是眾多敏感期裡歷時最久的。零到六歲是高峰期，並一直持續到九歲，幫助孩子習得完整的溝通能力。**

孩子的語言發展並不是漸進式，而是爆發式。從剛出生到六個月，孩子幾乎沒有任何語言。而在六個月到一歲這半年，孩子會透過環境中所聽到的語言，開始練習發出各種類似母語的聲音。到了十到十二個月左右，雖然孩子還無法說話，但已經開始懂得使用一些肢體語言了，例如媽媽跟爸爸說再見的時候，媽媽揮手說再見，孩子也會揮手表示「拜拜」；或者有人問孩子：「媽媽在哪裡？」這時他的眼睛會看著媽媽。

到了一歲左右，孩子會開始說出第一個有意義的字（意思是他了解這個字），例如爸爸、媽媽。我兒子第一次說的字是「仔仔」，因為我們是這樣叫他的，而「仔仔」就是「兒子」的廣東話。後來他開始會說「媽媽」與「爸爸」，還會講複字「這個」。

「這個」對很多孩子來講，是語言發展的里程碑，也是探索環境時好用的「工具」。許多媽媽告訴我，孩子在剛開始學會講話時也會說「這個」。因為當他們用手指著一個東西，配合說「這個」時，大人就會跟他說：「哦，這個是××哦。」告訴孩子物品的名稱。

01

語言是感官經驗最精準的表達方式

語言，可說是感官經驗（sensorial experience）最精準的表達方式。一個字的意思與概念，是根據孩子獲得的所有感官經驗構成的。孩子必須能夠去看、去聽、去觸摸、去嗅，甚至去嘗味道，把各種感官經驗與心裡的感受組合起來，才能對「字」賦予意義。

所以，日常生活經驗豐富，也能幫助孩子語言發展。成人不要誤以為只要讓孩子多看書、多閱讀、多聽CD就足夠了。尤其在零到六歲的發展階段，孩子是感官的探索者（sensorial explorer）、具體的學習者（concrete learner），需要藉由感官與真實物品接觸，有真實的體驗，才能豐富孩子全面性的心智發展。

正所謂「讀萬卷書，不如行萬里路」，若成人能多帶孩子外出，接觸不同具體事物，允許孩子在安全的前提下進行探索，並適時給予語言，這樣會比每天待在家裡看書、看圖卡學習語言好太多。

在沒有立即危險時，允許孩子探索環境

我兒子羽辰一歲左右時，每當他指著某個物品說：「這個。」如果是在他拿不到的地方，我會先評估這物品是否會帶給孩子「立即的危險」。若是不會，我就會把它拿下來，告訴羽辰物品的名稱，向他示範如何使用，然後再讓他以雙手進行探索。因為我們在給予孩子名稱時，也讓他對物品有具體的感官經驗，他會對這名稱有更深的體驗。基本步驟如下：

(1) 孩子對環境中某物品有興趣，想要了解。

(2) 評估此物品是否會帶給孩子「立即的危險」。

(3)若是不會，大人取拿物品；若會，則只介紹其名稱。
(4)先給予孩子物品的名稱。
(5)再給予使用此物品的示範（簡短、清楚、符合年齡的示範）。
(6)允許孩子自己探索，大人從旁觀察，避免發生危險。

蒙特梭利博士說：「在沒有立即危險時，允許孩子探索環境。」羽辰在一歲三個月時，我就允許他接觸媽媽煮咖啡用的虹吸式咖啡壺。他在還不會走路以前，就常看媽媽用它煮咖啡了。每次，他都會非常專心注視整個過程，彷彿想要吸收媽媽煮咖啡的每個動作。

探索虹吸式咖啡壺的羽辰

「大人每天在使用的，就是孩子想要探索的」，這是我們與生俱來探索環境、適應環境的人類傾向。

所以羽辰在學會走路以後，每天早上就會走到櫃子面前，一邊指著櫃子裡的虹吸式咖啡壺，一邊跟我說：「這個。」要求我拿出來給他「煮咖啡」。

當我把咖啡壺拿下來，放到他的活動區給他自己操作時，他就會藉由吸收性心智所吸收到的印象，身體力行演繹腦海裡媽媽煮咖啡的動作，來回應自己探索環境、適應環境、動作發展、獨立發展、秩序發展等內在發展需求。

我還記得第一次看到羽辰這樣做時，內心感到非常驚訝與感動。

練習倒水的羽辰

依循內在導師的指引

就這樣，羽辰每天早上都會要求我把咖啡壺拿給他「練習」，每次練習大概半小時。持續練習了三個月後，他不但學會了上座、下座、酒精燈、攪拌棒、蓋子等詞彙，更精鍊了手部動作與手眼協調能力。這時，他不再繼續玩咖啡壺了，因為他的內在已從這工作獲得充分滿足，外在也已藉由這活動習得新的技能。透過這工作培養出來的新能力，讓他得以在環境中繼續尋找下一個目標，幫助自身持續發展。

一歲半的羽辰開始感興趣的工作是「倒水」。到了一歲九個月，他已經可以自己單手拿符合他使用大小的水壺，倒水給自己喝，而且能倒得很穩，不會把水滴出來了！

很多三歲左右的孩子到了蒙特梭利環境，才開始學習用水壺倒水。但我從兒子身上了解到，其實孩子的潛力絕對不止於此，這都是大人給孩子的設限。**只要我們願意相信孩子，允許他在環境中依循他內在導師指引，就會發現一件事——原來大人一直以來認為沒什麼能力的孩子，能做到的事遠比我們想像中多。**我們都應該帶著一顆更謙卑、更尊敬的心，來看待孩子的生命。

在一歲到兩歲這一年裡，孩子能說出的語言愈來愈多，通常是先學會日常生活的各種用品名稱，例如燈、杯子、奶瓶、果汁等。又因為這時候孩子的語言發展與動作發展是並行的，所以大概在一歲半到兩歲左右，孩子會開始把動詞與名詞組合起來使用，如開門、開燈等，並出現「做每件事都會邊做邊說」的情形，例如在喝湯時，會邊喝邊說：「呃……喝湯。」「你[4]喝湯了。」「你要喝湯。」十分可愛。

孩子這年紀在環境裡所接觸到的所有語言，都能藉由「吸收性心智」[5]全盤吸收。這時期也正好是秩序敏感期高峰，所以能間接幫助孩子在語言發展過程裡，掌握語言的正確文法秩序，讓孩子將吸收到的各種詞彙，以正確組合方式表達出來。

口說語言爆發期：兩歲左右

到了兩歲左右，「口說語言爆發期（Explosive Period of Spoken Language）」就會出現。孩子會講出大量詞彙和短句，甚至較完整的句子（主詞＋動詞＋受詞）也會慢慢出現。

我兒子在一歲九個月的時候，開始進入「口說語言爆發期」前期，會講的詞彙突然暴增，連以前我不經意曾跟他講過的話都記得，偶爾還會自己說出來練習，帶給我和太太許多驚喜。

這些孩子說出來的詞彙用語，都是在他生命前兩年，無意識從環境中吸收的。它們在孩子腦袋裡儲存著，到了準備好的時候（也就是兩歲左右），會突然間全部表現出來，好比數位照相機未發明以前，傳統照相機拍完照後需要花時間沖洗底片，

4 孩子在這階段會把「我」說成是「你」，要到了三歲左右，自我認同概念得到統合之後，孩子才會了解到「我」的真正意涵。

5 吸收性心智（The Absorbent Mind）是蒙特梭利博士透過觀察孩子，發現孩子在零到六歲時擁有的特殊心智，與六歲以後的「推理性心智」（Reasoning Mind）有所不同。吸收性心智能讓孩子在日常生活裡，將所有細微的印象全盤吸收，不費力氣，不需要任何的努力，同時沒有任何偏見的吸收。六歲以上的孩子遇到事情時，會有意識或無意識把這件事，拿來跟過往在吸收性心智期所獲取的經驗來比較，並做出分析與判斷。

才能看到相片一樣。

這年紀的孩子因為發音能力仍未精鍊，所以講出來的話很有趣。我特別把孩子當時常說的話記錄下來。

日常生活篇

· 皆個／這個（從一開始很正確會捲舌的「這兒個」變成「皆個」）
· 咖門／開門
· 咖燈／開燈
· 拿拿皆個、拿拿杯子（想要拿某東西時，會重複動詞加強語氣）

用餐篇

· 吃 Dum／吃蛋
· 喝果雞／喝果汁
· 不想七／不想吃
· 七飽了（會說不想吃的原因了！）

遊戲篇

·爸爸巴忙／爸爸幫忙（需要協助時，兩歲前已會主動說）
·起借過／請借過
·轉過狼／轉過來
·謝謝（講得很清楚）
·皆個給你（其實是「給我」）
·皆個給我（其實是「給你」）

煮咖啡篇

·呼呀／壺
·杯及／杯子
·咖灰／咖啡
·湯騎／湯匙
·攪拌（講得很清楚）
·加糖（講得很清楚，但會把整個糖包直接放進咖啡杯裡））
·加奴哪／加牛奶（已會自己慢慢倒，是從一歲半開始練習倒水的成果）

穿衣服篇

·穿襪套／穿外套

·穿衣服（很會講）

·穿褲幾／穿褲子

·跑掉（每次洗完澡要跟他穿衣服時，他就會邊笑邊爬走說）

·跑走（每次洗完澡要跟他吹頭髮時，他就會邊笑邊逃走說）

02

用語文教育幫助孩子建構自己人格

當我們講到零到六歲的語文教育，很多大人會聯想到注音符號、拼音、認字，甚至是字體寫得有沒有工整、漂亮。難道，這就是語文教育要著重的嗎？

在蒙特梭利教育裡，語文教育最重要的目標是「幫助孩子建構自己人格」，而不是單純「幫助孩子熟練使用語言工具」。因為，一個人有意願表達自己、對於表達自己感到自在與自信，語言工具對他才有真正的意義。

或許很多人不知道，我除了是親職教育工作者外，也是一位美語老師，擁有自己的美語補習班。

我喜歡教學，也喜歡跟孩子和家長互動。我認為每天觀察孩子，跟孩子一起，才能了解這一代孩子的行為與思想，而這樣延伸出來的教育方式，才能符合這時代的孩子。

有自信的孩子語言表達能力較佳

我多年在美語教學看到的事實是：喜歡講話、有自信的孩子，通常美語都學得比較好；不喜歡講話、害羞內向、沒自信的孩子，通常都學得比較不好。可見，語言發展與個人是否喜歡表達自己、是否有自信心有關。因為一個人若沒自信，就會覺得自己沒價值、不被在乎，自己說的話不會有人願意聽，所以就不想表達自己。但語言是與人溝通的工具，試問連用母語跟別人溝通都不太喜歡的孩子，學外語做什麼呢？一個孩子若不喜歡表達自己，不喜歡與人溝通，那再學一門外語又有什麼意義？

所以在我的美語補習班裡，我們做的是藉由孩子學習美語，幫助他們看見自己的努力與認真，看見自己的不放棄，從中幫助他們探索自己、了解自己與欣賞自己。孩子們喜歡來學習，是因為他們從學習中得到成就感與自我肯定，而不是因為現階段的他們，了解英文對自己的未來有多重要。

人的學習能力有高下之分，但生命本質並無優劣之別。只用外在的分數與表現來觀看孩子，不但偏離了教育要把孩子內在潛能引發出來的真實涵義，也會使孩子失去觀看全體生命的遼闊視野。

所以，幫助孩子建構自己人格，遠比強迫他們把單字記熟、把作業寫好重要太多。贏了分數，輸了人格，從來就不是好的教育方式。

「溝通」是人類傾向，「語言」則是溝通工具。我們要讓孩子對使用「語言」有興趣，必須先讓他喜歡「溝通」。零到六歲孩子學習語言、發展語言的過程中，如何能同時兼顧孩子「歸屬感」與「價值感」，養成孩子正向人格？以下是我建議的十四個注意事項。

1. 成人

我們必須了解，成人是孩子最重要的語言教具；若沒有成人與孩子對話，環境就沒有真正的溝通。一個關愛孩子、願意聆聽孩子、願意與孩子溝通、不急著表達自己的成人，是孩子這一生中最重要、最寶貴的語言教具。

2. 完整

成人注意要使用完整、正確的詞彙與句子來和孩子溝通，不要用簡陋的語言，或是習慣用兒語或疊字（如喝水水、吃糖糖、睡覺覺等）跟孩子對話。因為孩子強大的吸收性心智，正在吸收環境中的所有語言。**我們用語的正確性、完整性愈高，他吸收的語言就愈有品質。**

給孩子的語文教育，基本上就是「輸入愈多，輸出愈多」，而且「輸入品質愈好，輸出品質愈好」。

3. 接受

成人必須了解孩子現階段語言發展尚未成熟，還無法流暢表達自己。我們要接受孩子當下的表現，不要過度焦慮、緊張，也不要堅持孩子的表達方式必須完美。因為成人心裡的焦慮與緊張也會被孩子覺察，讓孩子跟我們溝通時感到壓力。

在與孩子對話時，允許自己在當下去欣賞孩子表達自己的意願，以及願意說出自己想法的勇敢，而不要像國文老師一般，分析他的用語是否正確，批評他講話是否流暢。我們對孩子表達方式的不接受，不但容易減損孩子的自信心，也會讓他在語言發展上變得退縮。

4. 熱忱

在跟孩子溝通時，我們要以投入、熱忱的態度來進行。有時候大人都忙著做自己的事，沒有太多時間跟孩子講話，這是無可避免的。但我們每天都該設定一些固定時間來跟孩子溝通，例如安排共讀時間或睡前講故事時間。在這段時間裡，大人練習讓自己全心全意陪伴孩子（關掉手機），全情投入與孩子的溝通裡。

5. 尊重

我們要透過語言來表達對孩子的尊重。在孩子還不會說話的階段，千萬不要以為孩子聽不懂，就在他面前隨便講話。因為，我們的一言一行，都會被孩子的吸收性心智給吸收。

我有一位多年好友，當年我們是在成長課程中認識，現在她已經是三個孩子的媽了。她曾在臉書上分享過一則有關「尊重」的故事。

某晚他們到好市多走走，走著走著她的孩子小樂吵著要抱抱。此時她先生展現父愛的機會到了，二話不說就抱起他可愛的寶貝，很自然貼近小樂的臉聞聞，順口說了一句：「唉唷，小樂，你好臭哦！」先生臉上表現出噁心的樣子。

就在這時候，小樂嘟嘴轉頭了。這時候，小樂九個月大。

對於以上這情況，很多大人都會覺得：「小孩不懂，他只是個寶寶而已，他們聽不懂大人們說的話。」

但從結果來看，小寶寶是聽得懂的，只是他們還不會表達而已。他們也會有自己的自尊，也會有自己的想法與情緒。就在這個晚上，小樂好好的為爸爸與其他大人上了一課。小樂想講的應該是：「我也是人，請尊重我！」

記得，不管多小的寶寶，都值得我們尊重。

6. 限制性

限制一個成人在環境裡只使用一種語言，以免孩子產生混淆。有些大人希望從小讓孩子學美語，所以會把中文跟英文混在一起跟孩子講，希望讓他兩種都學到。但其實這做法效果是不佳的。最好的做法，是環境裡有一個人（如爸爸）固定說英文，另一個人（如媽媽）固定講國語。這樣做會理想很多，孩子學習兩種語言也會比較自然、比較快。

記得有一次坐高鐵時，我看到走道對面坐著一對父子，孩子看起來大概四歲半左右。當爸爸從袋子裡拿出蘋果要給孩子吃時，他會對兒子說：「你看，這個是apple，這是apple哦，你要不要吃apple？」孩子說：「要。」

爸爸就說：「好，那說一次，apple。」孩子說：「蘋果。」爸爸重複說：「apple。」孩子又說：「蘋果。」

蘋果拿出來之後，爸爸又從袋子裡拿出一瓶果汁，然後對兒子說：「來，這個是juice哦，你要不要喝juice？」孩子又說：「要。」

於是爸爸又說：「好，那跟爸爸說，juice。」孩子笑笑的說：「果汁。」爸爸又說：「Juice。」孩子仍舊說：「果汁。」反正爸爸要他說的英文，孩子都用中文回答，不願意說英文。我想那位爸爸一定覺得很奇怪，為什麼孩子會這麼故意呢？

其實孩子不是故意，而是覺得「沒有需要」。每次我在研習或講座談到語文教育時，經常會提醒大家：「語言是一種工具，有需要時才會拿出來使用。就像家裡放在工具箱裡的錘子，有需要用到的時候才會拿出來。我們不會無緣無故把它拿出來揮舞。」

語言也一樣，不同的語言是不同的溝通工具，在沒有需要時，一個人不會無緣無故說環境裡不需要使用的語言。若真的這樣說，可能會讓別人覺得有點奇怪。

以前我認識一位朋友，他說話時經常夾雜一些英文單字，但大家都知道他不曾在國外待過，連我自己在美國多年，也不會像他那樣講話。他會說：「我們等一下要去哪裡吃 lunch 好呢？我有點猶豫今天要吃 sandwich 還是 spaghetti。等一下我們去 Starbucks 喝一杯 coffee 好嗎？我想要點一杯 Latte，再吃些 dessert，因為我今天的 feeling 好 low……。」其實，朋友們都覺得他這樣不太自然。

7. 一致性

給予孩子的語言要有一致性，不要變來變去；例如「咖啡色」，若孩子還沒有學會，不要同時使用「棕色」、「褐色」。

8. 不糾正

我們不糾正孩子的語言，但可以用點技巧，以正確方式複述孩子的話。例如當孩子說：「呃……把它拿出『狼』。」大人聽到可以說：「哦，你想要把盒子裡面的玩具車拿出『來』，是嗎？」**使用正確、完整的語言來複述，幫助孩子表達他想要做的事，這樣孩子就會慢慢學習到。**

請不要跟孩子說：「你在講什麼啊？不是拿出『狼』，是拿出『來』好不好？來，跟著我說，練習三次！」當大人刻意糾正甚至取笑孩子，都會讓孩子感到壓力與不舒服，進而影響他表達自己的自信。

9. 不命令

研究指出，在一般家庭中，每天大人對孩子說的話，八〇%以上是「命令語」。從早上起床到晚上就寢，都充斥著對孩子的各種命令，例如會說：「快點穿衣服。」「現在去洗澡。」「很晚囉，收玩具了。」「去睡覺！」

但命令語並非真正的溝通，因為這些話語既沒有表達任何感受，也不能讓對方覺得跟我們有連結。所以，**在阿德勒正向教養裡，是教導家長使用「啟發式問句」來代替命令語。**

什麼是啟發式問句？

啟發式問句又稱為「蘇格拉底式問句」，因為這位古希臘哲學家習慣用問句來啟發學生思考，引導他們自己尋找問題的答案，培養為自己負責的態度。

例如很多家庭每晚都會使用的命令語：「去洗澡了！」我常跟孩子說的啟發式問句是：「羽辰啊，你記得幾點要洗澡嗎？」孩子會說：「八點半。」

然後我就會說：「是的，現在已經八點半囉，你知道要做什麼了嗎？」他就會說：

「要收玩具洗澡了。」我就會一邊點頭一邊說：「是的！羽辰！那我先去洗澡，你等一下過來囉。」

啟發式問句就是用引導孩子思考的疑問句，來代替必須服從的命令語。它的教育目標是透過引導，幫助孩子從「內」而「外」先了解自己該做什麼，再付諸行動，而非一味靠大人給予命令才做，沒有自己思考。

如果大人常用命令語來規範孩子，他的價值感和歸屬感就會慢慢減損。孩子會愈來愈不喜歡被命令，甚至漸漸出現故意不聽話、與大人抗爭等行為。因為他潛意識會覺得唯有自己作主、不被控制，才是有價值的人。

家長如果用強壓手段來命令孩子，很可能孩子反彈也會愈大。而更糟的後果是，習慣被命令的孩子，只要沒被提醒，就不會主動去做該做的事。因為，他能為自己負責任的生命本有動力，已經被大人嚴重壓抑了。**所以，我們應該多跟孩子「對話」，而不是處處要孩子「聽話」。**

此外，再分享一個正向提醒孩子的方法，就是用「非語言」來代替命令語，例如用身體語言。當時間到了要收拾玩具時，我們可以做的是：

1. 以和善且堅定（kind but firm）的語氣，呼喚孩子名字。
2. 稍作停頓，讓孩子注意你。這是很重要的一點。
3. 當孩子注意你時，微笑並用手指著自己的手錶，或是指著掛在牆壁上的時鐘，表示「時間到了」。
4. 再看著孩子，對孩子微笑並點頭，表示：「孩子，我相信你現在會收拾。」

這樣的身體語言，既能傳遞給孩子正向訊息，幫助他願意遵守時間約定，也能在保有孩子的歸屬感與價值感下，提醒他做出正確選擇，比命令語好太多了。

自我練習

請拿一張紙或使用手機筆記本，寫下幾個自己常對孩子使用的「命令語」，並試著把它們改為「啟發式問句」。

寫完後，自己唸幾次看順不順，若有需要則再修改、微調。然後把它記起來，下次試著用在孩子身上，感覺一下跟命令語不同的體驗與效果。

我試用過後覺得效果非常好，而且沒有副作用。非常推薦大家可以嘗試。在此也分享我第一次把「命令語」改為「啟發式問句」的情況，提供給讀者參考。

「羽辰，請你把餐袋收拾好！」↓「羽辰，你要花多少時間收拾餐袋呢？」

「羽辰，快點！我們等一下就要出門了！」↓「羽辰啊，你知道我們幾點要出門嗎？你覺得我們來不來得及？」

「羽辰！請你吃快點！」↓「羽辰，我可以相信你[6]會在時間內吃完嗎？」

10. 不解釋

有時當孩子一直問「為什麼」時，不需要一直重複對他解釋；因為他當下可能是想要跟我們連結，而不是想了解我們的解釋。這時，我們可以用好奇與關愛的態度來和孩子進行「乒乓球對話」，而不是只用理性、沒溫度的語言給孩子答案。

讓我們來看兩個不同例子。

例子一

孩子：「爸爸為什麼要上班？」

媽媽：「因為爸爸要賺錢啊。」

孩子：「為什麼要賺錢？」

媽媽：「因為要養家啊。」

孩子：「為什麼要養家？」

媽媽：「因為要買東西給我們吃，要養我們啊！不然我們就餓死了。」

（過了一陣子）

6 「我可以相信你——————嗎？」這是我第一本書分享的規範給予方式——「提醒四步驟」裡的第三步驟，是引導孩子正向行為的關鍵（連結孩子內在渴望）。詳見《蒙特梭利專家親授！教孩子學規矩一點也不難》第六十五頁（野人文化出版社）。

孩子：「爸爸為什麼要上班？」

媽媽：「因為爸爸要賺錢。」

孩子：「為什麼要賺錢？」

媽媽：「我不是跟你說了嗎？要養家啊。」

孩子：「為什麼要養家？」

媽媽：「我已經跟你講過了，要買東西給我們吃，不然我們就會餓肚子，你想要餓肚子嗎？」

孩子：「不想。」

媽媽：「對，所以爸爸要上班賺錢，知道了嗎？」

（又過一陣子）

孩子：「爸爸為什麼要上班？」

媽媽：「好了啦！你問夠了沒有啊？你先休息一下好嗎？媽媽已經被你問得很煩了。」

這樣的結果，孩子感覺沮喪，媽媽也充滿挫敗。

例子二

孩子：「爸爸為什麼要上班？」
媽媽：「哦？你知道爸爸要上班啊。」
孩子：「知道。」
媽媽：「你怎麼知道爸爸要上班啊？」
孩子：「琦琦老師說的。」
媽媽：「哦，琦琦老師怎麼說的啊？」
孩子：「琦琦老師說，爸爸上班，很辛苦很累。」
媽媽：「哦，爸爸上班，會很辛苦很累是嗎？」
孩子：「是。」
媽媽：「那你知道爸爸要上班的原因是什麼嗎？」
孩子：「賺錢。」
媽媽說：「賺錢啊？」

孩子：「是。」

媽媽：「你怎麼知道爸爸上班要賺錢啊？」

孩子：「琦琦老師説的。」

媽媽：「哦，琦琦老師説的哦？」

孩子：「是。」

媽媽：「那爸爸上班賺錢要做什麼啊？」

孩子：「要買東西給我們吃，還有買衣服、買玩具……。」

媽媽可以繼續問下去……這樣的結果，孩子與媽媽都充滿連結的喜悦。

為什麼這兩種對話方式，結果相差那麼多？

例子一是對孩子的問題不斷解釋或給答案。但當我們解釋完或把答案給了孩子，對話就結束了。孩子為了想跟我們連結，只好繼續問問題，而我們也就只能繼續回答問題，一直處於「被動」的狀態惡性循環，直到大人受不了為止。

例子二則是反客為主：既不解釋，也不給答案，單純以好奇與關愛的態度反過來詢問孩子，跟他一起探討問題。當孩子被詢問的時候，他會感覺到自己被關注而有歸屬感，同時也會開始思考問題，並且說出答案而有價值感。這樣的溝通方式，會讓孩子覺得跟我們更有連結，彼此對話時的感受更深刻。

此外，不知你有沒有注意到，在例子二的對話裡，媽媽**有技巧的「重複孩子句尾」，巧妙的讓彼此對話更有連結。以關愛與好奇的態度與對方展開對話，目的在於關懷一個人而非解決問題，過程中不給答案、不命令、不指導、不問為什麼，就是李崇建老師所提倡的「薩提爾的對話方式」**。

11. 良好的示範

在環境中成人間的對話也要有良好的示範，例如不隔空喊話、不用粗俗無禮的言語。成人必須知道，孩子都會藉由吸收性心智全盤吸收我們說的話。

12. 緩慢清楚

成人跟孩子對話時，記得節奏要緩慢，聲調要自然，發音要清楚。尤其是年幼的孩子，他們會看著成人的嘴巴、聽著聲音來模仿說話。如果我們講話太急促、聲調太高亢，孩子就會聽不清楚、看不清楚，因此吸收也不清楚。這種說話方式反而會影響孩子的語言學習。

13. 水平視線

與孩子對話時，最好處在孩子能正視你的角度。這樣的身體語言也代表著「我尊重、在乎你」。

14.
愛的連結

請記得，我們與孩子的溝通、和孩子的對話，最終是希望他能感受到關愛，生命因此得到滋養，在發展過程中養成正向人格。

03 大人態度決定了孩子的信念

我們每天以什麼態度與方式來對待孩子，決定了他對自己產生什麼想法與信念；這些信念會延伸出相關的行為；種種行為又會產生不同的結果，最後定義了這個人。

譬如孩子做錯事時，大人習慣用指責、打罵的方式來對待，可能會讓他產生「我沒用」、「我很糟」、「我不值得被愛」等信念；這些信念又可能會引發孩子愛哭鬧、說謊、叛逆等偏差行為；而偏差行為所產生的結果，可能又會再被大人責備，說他是「壞孩子」、「沒禮貌」、「沒教養」；這又會增長孩子認為「我就是沒用」、「我就是糟」、「我就是沒有人愛」的信念，不斷惡性循環下去。

其實我們現在對待孩子做錯事的種種「應對姿態」[7]，不論是指責、討好、冷漠、講道理，都可能是原生家庭裡大人教養方式的結果。例如從小在常指責的家庭下長大的成人，對孩子也習慣以指責的方式來教養；從小在威權教養下成長的孩子，學會討好大人，長大後就習慣以討好的方式對待孩子。

若我們希望與孩子創造更美好的連結，除了可以透過了解孩子內在發展需求、使用更有效的正向教養工具、學習如何安頓自己與孩子的情緒外，探索我們小時候原生家庭的自己，或是心理學所說的「內在小孩（inner child）」，都能為我們內心帶來更多的覺察、鬆綁與自由，改善自己對問題的慣性應對模式，學習更有效的溝通方式來對待孩子。有關這部分，我在後面會再談到（詳細說明請見第二五〇頁）。

7 薩提爾女士提出人與人之間的溝通，有四種基本的應對姿態：指責、討好、超理智、打岔。人類從小就以這些姿態來保護自己，詳細說明請見第一三〇頁。

看見受傷的內在小孩

曾經有一位馬來西亞的家長寫信給我，問我有關孩子不打招呼的問題。這位媽媽說她孩子個性比較內向、怕生。以前還小，可以容忍她不打招呼，但現在已經六歲了，不應該還是這樣，遇到長輩都不懂得打招呼，這樣很不好。她知道孩子沒安全感，想知道自己可以如何引導。

我回覆這位媽媽，問題不只在「女兒看到大人時是否會打招呼」，另一個問題在於「她看到女兒不打招呼時，感受是如何」，以及「她怎麼對待這個一直不跟人打招呼的女兒」。只要解開這兩個問題，她就會懂得怎麼引導女兒了。因為媽媽的應對模式會無形中影響女兒的表現。

過了幾天，我收到了回覆，這位媽媽對女兒小時候不打招呼並不在意，但現在女兒比較大了，就會覺得沒禮貌。她會在意別人的言語或看法，家裡長輩會說女兒這樣不叫人很沒家教。然而，如果她威逼或教導女兒叫人，又會有愧疚感。因為女兒本身不喜歡叫人，但要迎合媽媽，當乖巧、有禮貌的孩子，即使不喜歡也要做。

她通常會跟女兒解釋為何要叫人，而長輩也會很開心；有時會罵女兒，因為說了很多次，她知道，但都因為害羞沒做到。

我回信向這位媽媽指出，這件事的糾結點在於她不願意「接納」女兒的害羞和不敢。由於不接納而責罵與教訓女兒，結果讓她更沒有價值感與歸屬感，心裡變得更不安，反而讓問題愈來愈嚴重。媽媽不允許、不接納女兒的害羞，似乎讓她更受傷害，情況更糟。

以接納的態度應對所有不完美

對於孩子的不打招呼，她一直認為是女兒的問題。但在我看來，這似乎也是因為媽媽的應對方式無法支持到女兒內心，讓她表現每況愈下。當然這是我主觀的詮釋，也許我是錯的，但我看到她以對立、強迫、指責的方式來與女兒應對，似乎一直沒有起色，反而使她更退縮。

一陣子後，這位媽媽回信請我指導該怎麼接納女兒的害羞和不敢，或是可以怎麼做來增加女兒的價值感。她認為自己其實也沒有價值感，也許是在女兒身上看到小時候的自己，所以就更不接納女兒。

情況果然跟我想的一樣，這位媽媽也是內在有所匱乏的成人。我回信謝謝她願意坦承「也許是在女兒身上看到小時候的自己，所以就更不接納女兒」這想法，因為能看到這點，問題就會慢慢解決了。

我在信裡問她：「小時候的您自己，如果跟女兒有同樣的問題，您希望當時大人怎麼對待您？您覺得大人怎樣做您才會改善，才會有勇氣，才會不害羞？」

她的回覆是：「希望大人可以理解我不是沒禮貌。不要強迫和責備我。給我時間。當我做對時，鼓勵稱讚我。」

於是，我又回信示範了一些對話方式：

大人：「小美，你怎麼不打招呼呢？」

孩子：「因為……我害羞，我害怕。」

大人：「我了解，那你希望自己可以勇敢打招呼嗎？」

孩子：「希望……。」

大人：「是，你希望自己可以勇敢打招呼，但做不到，是嗎？」

孩子：「是。」

大人：「媽媽知道，你雖然沒有跟人打招呼，但是其實已經很努力在嘗試了，是嗎？」

孩子：「是！」

大人：「小美，你喜歡這個努力想要勇敢的自己嗎？」

孩子：「喜歡！」

大人：「媽媽也喜歡哦，我很欣賞這個願意努力、想要勇敢的你。」

（此時孩子覺得被接納與理解）

大人：「那下次你再努力試試看，總有一天會做到的，好嗎？」

孩子：「好！」

（彼此擁抱）

又過了一陣子，這位媽媽回覆表示，這樣的對話讓她覺得被接納、理解，覺得大人肯聽自己的。她可以做自己，不需要因為害怕被罵而做不想做的事。她明白怎麼跟女兒應對了。

很多時候我們對孩子的不接納，其實都是來自於童年時大人對我們的不接納。若能找到內在當時受傷的小孩，我們就會知道該怎麼安撫眼前的孩子了。

這讓我想起在自己第一本書最後寫的一句話：「**在心裡的陰影離開以後，剩下來的全是對孩子滿滿的愛。**」

04

走進薩提爾的冰山

維琴尼亞．薩提爾女士（Virginia Satir）是二十世紀最有影響力的心理學家之一，也是家族治療的先驅。長期跟隨在她身邊的學生約翰．貝曼博士（Dr. John Banman）根據薩提爾的對話脈絡，歸納並發展出冰山模式，用於理解人類行為背後心理的各種層面，不但可以幫助個案釐清自己，也能改善人與人之間的溝通。

冰山模式顧名思義，是一張冰山的圖，總共分為七個層次：水面上一層，水底下六層。

做為一個人的比喻，水面上的冰山代表能被人看得見的一小部分，也就是行為；水面下的冰山則代表人們所看不見的內在，分別是：感受、感受的感受、觀

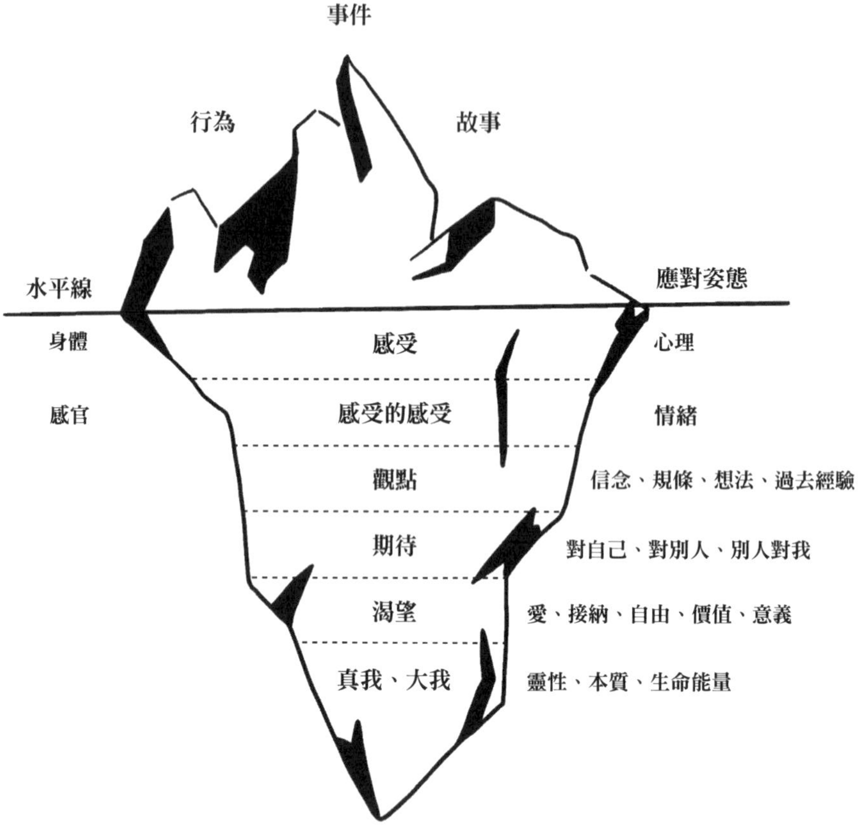
事件
行為
故事
水平線
應對姿態
身體
感受
心理
感官
感受的感受
情緒
觀點
信念、規條、想法、過去經驗
期待
對自己、對別人、別人對我
渴望
愛、接納、自由、價值、意義
真我、大我
靈性、本質、生命能量

點、期待、渴望、自我。水平面的粗線代表人與人（或人與事）的應對方式，稱為「應對姿態」。

一個媽媽為什麼會不斷打罵自己的小孩？一個爸爸為什麼跟自己的家庭愈來愈疏離？一個孩子為什麼愈來愈不想聽爸媽的話？這些只是看得見的行為，唯有探討他們水面下的冰山，我們才有辦法了解原因，才有辦法對症下藥，確實幫助他們。

每個人的「信念」造就了自己的行為，但信念是看不見的，而**冰山模式正是一個重要工具，能幫助我們對看不見的信念及其成因一目了然**。

既然冰山是幫助人們了解自己、改變自己這麼重要的工具，讓我們先來了解一下冰山的各個層次。

1. 行為、事件、故事

舉例來說，就是你看到一位媽媽打罵小孩的「行為」，聽這位媽媽解釋剛才發生的「事件」或聽她敘述有關孩子的「故事」。一個人外顯的動作、表情、話語（甚至其中的聲調節奏）、無意識的身體語言，都是冰山可見的最上層。

2. 應對姿態

以冰山水平面上的粗線來代表。薩提爾提出人與人之間的溝通，有四種基本的應對姿態，分別是**指責**、**討好**、**超理智**、**打岔**。

人類在誕生以後，最初進入的團體（community）就是家庭，所以關係學習的起始，也是從原生家庭開始。但大部分人所謂的「溝通」，其實並非真正與人「連結」，而是以「自保」為主。因此，人類從小就以這四種應對姿態來保護自己。

我們可以說，「應對姿態」其實是為了避免自己受到傷害的「保護姿態」或「生存姿態」：

指責：以對立、否定、謾罵、命令、批判等方式來溝通。與人應對時，在乎自己的感受，在乎當下的情境，但不在乎別人的感受。為了保護自己與生存，總是以威權、強勢的溝通方式來壓過別人。

討好：以低姿態、取悅、奉承、唯唯諾諾的方式來溝通。與人應對時，在乎別人的感受，在乎當下的情境，但不在乎自己的感受。為了保護自己與生存，總是壓抑自己的想法與感受來迎合別人，以此獲取喜愛與認同。

超理智：以爭辯、說理的方式來溝通。與人應對時，不在乎自己的感受，不在乎別人的感受，只在乎當下的情境。為了保護自己與生存，講贏別人是他們溝通最重要的目的。喜歡引經據典，或是用名人語錄來表達自己。

打岔：溝通時不表達自己，以不溝通為溝通。與人應對時，不在乎自己的感受，不在乎別人的感受，也不在乎當下的情境。為了保護自己與生存，習慣用顧左右而言他、你講東他講西、無釐頭、開玩笑、逃避、不回應等方式來表達自己。

一般人通常不會只有一種應對姿態，大部分人都會有兩種，甚至三種應對的習慣。舉例來說，習慣指責的人，通常也是超理智的；習慣討好的人，通常也是喜歡打岔的。

能夠覺察自己的應對姿態，就是進一步了解自己的開始，也是改善親子關係的開始。那麼，有沒有最理想的應對姿態呢？有的。在薩提爾模式中，「一致性」的應對姿態是最理想、最健康的姿態。

一致性：內在安頓柔軟，外在放鬆自然，在溝通時既能表達自己的感受，也同時照顧對方的感受。與人應對時，在乎自己，在乎別人，也在乎當下情境。「一致」意指「內外一如」，而非「心口不一」。

3. 感受

可分為身體的感受和心裡的感受。身體的感受如頭痛、胸悶、身體發抖或發麻、喉嚨卡住、肩膀繃緊、背部僵硬等；心裡的感受（即情緒）如難過、焦慮、憤怒、沮喪、自責、孤單、煩躁、緊張等。

在某次工作坊中，一位媽媽說她最近經常責罵孩子，但很不喜歡這樣的自己。我請她告訴我最近和孩子發生的故事。她在敘述事件時說話非常快，可以感受到內心有許多未被辨識與釋放的情緒。於是我請她先停下來，感受自己的身體。

片刻後，這位媽媽告訴我，她覺得自己全身在發抖，心裡感到很緊張。我請她先閉上眼睛，允許自己靠近身體的感覺，去陪伴、照顧它一下。瞬間，她的眼淚就流下來了。我問她這個眼淚的感受，她說是難過，因為感受到自己的難過，所以流下眼淚。

顯然，現今社會的轉速太快，大部分人每天都忙著處理各種事情，早已失去與自己感受的連結了。透過檢視冰山，許多人得以找回自己的感受。

4. 感受的感受

這是對於自己某種感受的評價，再衍生出來的第二感受。這位媽媽表示，她對自己生氣時打罵小孩感到很難過。繼續往內在探索，她發現原來還有愧疚與自責的情緒。她的生氣是「感受」，而對自己生氣而產生的難過、愧疚與自責[8]，就是「感受的感受」。

能覺察到自己「感受的感受」，將使我們更進一步了解，長久以來自己是怎麼對待自己的。這位媽媽發現她的愧疚與自責，是她做錯事後對待自己的方式。一直以來，她習慣在犯錯之後責備自己。若沒有深入體驗自己的感受，她就不會發現。

5. 觀點

簡單來講是我們對一件事情的想法或看法，由過去經驗累積而成。也可以說是我們的信念、成見，或是從小到大家裡的規條。

這位媽媽告訴我，她認為孩子就是應該要聽大人的話，不聽話就應該被罵甚至被打。這是她對於教養的「信念」。我問她這想法是從哪來的？她難過的說自己從小到大就是這樣被大人打罵。

通常，我們許多教養上的信念，都是來自於原生家庭。這位媽媽就被灌輸了

「做錯事就該打該罵」的觀念，所以她現在長大了，不但孩子做錯事要被打被罵，自己做錯事也要打罵自己（自責）。

如果我們願意好奇自己的觀點，或許就能找到其源頭，並進一步決定是否要繼續保有這種想法，或是尋求不同做法，從裡面掙脫獲得自由。

6. 期待

意指對自己的期待與對別人的期待。繼續以這位媽媽為例，她對孩子的期待是「乖巧聽話，一被提醒就接受」；對自己的期待是「成為一個能夠把孩子教育好的媽媽」。

8 「自責」跟「自省」是不一樣的。自責實質上就是鞭打自己，既不尊重自己，也減損自我價值，讓自己往更負面的方向發展；「自省」則是正面的，表示我們尊重自己、看重自己，願意朝著讓自己更好的方向前進。我們的自責通常來自於原生家庭被應對的模式。若不希望把這種觀念傳承到下一代，就要學習「欣賞與鼓勵自己做得好，接納與善待自己做不好」。

當我們的期待落空時，難免會有失望、難過、沮喪、挫折、生氣等情緒。成長過程中「未被滿足的期待」，也可能會在我們長大後帶來無形的影響，但通常我們並不自知。

這位媽媽告訴我，她小時候被打罵完後，都期待著被大人安慰、疼惜，但不曾被大人如此安撫過，這份期待一直沒有被滿足。之後結婚、有孩子了，每當打罵孩子之後，雖然很想去疼惜、擁抱他，給他一點安慰，卻一直沒辦法做到。這是因為她想到，自己小時候做錯事也不曾被擁抱啊！在看到孩子的當下，也觸動到她內在小時候的自己（亦即「內在小孩」）。

7. 渴望

這是世人皆有的內在渴求，也是個人成長的潛在動力。好比植物需要陽光、土壤、水分、空氣，人類也需要被愛、被接納，感覺自己活得有價值、有意義、有自由。所以，渴望也是生命發展必須的「內在發展需求」。

渴望是生命的必需元素，但大部分人不一定能體驗到。多數人都誤把「期待」與「渴望」綁在一起，無法區分。例如媽媽不答應讓孩子買玩具，孩子期待落空了，就會覺得媽媽不愛他；或者媽媽提醒孩子收玩具，但孩子都不收，媽媽期待落空了，就會覺得孩子不愛媽媽，自己沒有價值。

當一個人心裡觸碰到渴望，內在會有很深刻的感覺。若能體驗自己的渴望，就會體驗到內在生命力。從二〇一八年開始我舉辦「探索原生家庭工作坊」，發現學員在工作坊中體驗到「渴望」後，會對自己眼前所發生的事，有一種嶄新的觀看方式，並能做出一些行動、轉變與調整，創造一些不同的可能性，逐漸開始為過往行不通的慣性模式鬆綁。

8. 自我

又稱「真我」、「大我」，是人類內在的靈性，薩提爾稱之為「生命力」，是生命能量的根源。有關自我，李崇建老師在《薩提爾的對話練習》一書中提到：

貝曼據此解釋一致性有三個層次：

第一層是接觸自己的感受、承認自己的感受、管理自己的感受……。

第二層次更為重要，就是與自我一致，不只是停留與感受一致，而能進入更深一層次，與自我和諧一致。你會更發揮功能、更滿足、更感覺自己是整體的。

第三個層次，是與靈性的連結，亦即與自我連結。

貝曼解釋一致性的三個層次，第二與第三個層次都與「自我」有關，可見與自我的連結，是達成一致性的重要關鍵，也是一種深層能量的連結。

而貝曼博士二〇一〇年在香港舉辦的「沙維雅[9]世界會議」裡，也曾闡述一致性的意涵：

一致性是當你和自己深層自我連結，散發著生命能量；與自己是和諧的，與自己是和平的。一致性是當你與宇宙能量同步，當你與其他人同步。它是對「自我」的深層體驗；好比自我的宇宙能量與宇宙連結，好比自我的內在能量與他人連結。

對冰山各個層次的詮釋，到此告一段落。若你希望進一步了解冰山，需要透過親身體驗才能有更深層的認識。

冰山的個中風景、樣貌，就如俗諺所云：「如人飲水，冷暖自知。」有興趣深入探討的讀者，可以參加薩提爾相關講座或工作坊。

9 沙維雅是香港對薩提爾的翻譯。

工作

「工作」，是另一個人類傾向。從工作延伸出來的人類傾向，還包含「重複」、「修正錯誤」、「精確」與「自求完美」。

蒙特梭利教育對「工作（Work）」的定義，和我們成人所謂「我要去上班」的那個工作，是不太一樣的。

成人的工作，是為了賺取金錢養活自己（或養家活口）；但孩子的工作，是為了建構心智、發展人格、完成生命與生俱來的發展藍圖。成人的工作，是為了賺取外在的酬勞；但孩子的工作，是為了獲得內在的滿足。

成人的工作常以經濟考量來進行，例如拿多少酬勞，就付出多少努力。在工作時成人心裡會有一個無形的天秤，計算著工作與酬勞間的平衡點在哪裡，付出多一點就可能會覺得虧本。

但孩子的工作，卻是完全不計較經濟成本、傾盡全力去做，直到他的內心感到滿足為止。

為何沒有人教導孩子，他們卻會如此做呢？似乎在孩子內心裡，有著一股無形的神祕力量，不斷推動著他們往前進，幫助他們完美自己的生命發展。

01

工作能使生命發展更完善

我兒子從一歲開始到兩歲這段時間，幾乎每天早上都會花一小時在花園裡「練習」澆花。首先，他會用兩隻小手拿澆花器，一手握著把手，一手拿著壺嘴，走到我面前跟我說「皆個（這個）」，請我開水龍頭把水注到澆花器裡。通常我會裝大概五分之一左右的水在裡面，因為這樣的水量是他能掌握控制的。

然後，他會慢慢走到花盆前，聚精會神開始把水「滴」入每個花盆裡，而且會精確要求自己，一盆花只滴一滴水。澆（滴）完一盆之後，他就會專注控制身體慢慢往旁邊挪動，到另一盆前面繼續澆（滴）。在當下，我觀察到他眼睛、雙手、身體、心智與心靈，是如此完美配合與協調著，全情投入他所感興趣的事。

隨著不斷練習，他對水的控制變得愈來愈精準。花園的花盆很多，大概二、三十盆，通常他這樣一滴一滴澆完一次後，就要快二十分鐘了。然後，他會從頭到尾再澆一次，不斷重複練習，直到他內心感到很滿足、我被太陽晒得很黑為止。

我在兒子的「工作」裡面，看到他顯露生命最動人的真相——甚至連這麼幼小的生命，也懂得為自己生命演化而努力，這讓我非常尊敬與感動。

也許旁人看到的，是一個兩歲不到的孩子，用極其不合乎經濟效益的方式來澆花，覺得非常浪費時間。「啊，怎麼這樣澆花啊？每盆花只澆一滴水根本就不夠啊……哦……還沒澆完花都渴死了……。」

但我看到的真相是，兒子其實並非為了澆花而工作（他尚不了解澆花的意義），而是**他的內在導師藉由引導澆花這件事，回應他這時期的內在發展需求——動作發展敏感期，並透過此活動來精鍊自身手眼協調、身體平衡，以及發展專注、獨立、秩序、適應環境等能力，完善生命在此階段需要進行的發展與演化**。儘管孩子是無意識被內在導師指引著，卻是多麼自然美好且恰到好處的顯現。

如果成人都能看懂這一幕，不給予孩子不必要的限制或協助，或許很多生命從小就能更自由、更獨立、更茁壯的發展，依循著自己的內在發展藍圖穩健成長。這些孩子長大後要到復健科接受評估與治療的機率，就會降低很多。

生命在起始時就有一套屬於自己的完美發展計畫，等著孩子與環境互動來實現，因此蒙特梭利博士說：「任何不必要的協助，都會阻礙孩子的發展。」成人看不懂孩子內在需求而給予的幫忙，往往都是幫倒忙。

工作，就是滋養生命的活動

那在蒙特梭利教育裡，「工作」的定義是什麼呢？簡單來說，就是「能滋養生命的活動」。以植物來講，能夠滋養生命的，就是適合其生存與成長比例的陽光、土壤、水分和空氣。對人類而言，能滋養我們生活的工作有兩個元素：

(1) **它是我們感興趣的。**

(2) **它是我們自發性想去做的。**

「自發性活動（Spontaneous activity）」在蒙特梭利教育裡非常被強調與重視，原因在於唯有孩子自己想去做的，才是他內在導師所指引、能連結內在發展需求的事；也唯有孩子感興趣的事，他才有辦法全情投入，達到發展心智、建構人格的效果。蜻蜓點水般的學習，只會在生命中產生輕微的漣漪，但不會留下深刻的痕跡。

其實大人也是一樣，唯有我們自發性想去做，而非被要求或強迫的事，才能滋養到內在。

「滋養到內在」是什麼意思呢？以薩提爾模式來講，就是連結到內在深層的「渴望」（詳細說明請見第一三八頁）。渴望是世人皆有的內在渴求，我們的渴望有愛、接納、價值、意義與自由。當我們在做一件自己喜愛，或是覺得有價值、有意義的事時，我們就會與內在渴望連結，感受到自己有生命力。

以我自己來說，我最喜愛的「工作」是從事親職教育工作，其中包括寫文章、寫書、回覆家長問題、家長面談諮詢、拍攝影片、舉辦講座等。雖然這些工作並沒有讓我賺取很多錢，卻是能深深滋養我生命的「工作」。

在做這些工作時，我感覺自己的生命是有意義、有價值的。同時，這些工作讓我有機會與社會上很多不同的人連結，因此使我體驗到很深刻的愛、歸屬感與社會情懷。

我們每天都應該做些能滋養自己生命的事，幫自己生命充電。哪怕是沖一杯咖啡、畫一幅禪繞畫、泡個澡，或是做些自己喜歡的運動。你可以想想看，每天可以做什麼「工作」為自己生命帶來滋養。

人類透過重複工作邁向完美

你相信嗎？一個三、四週大的新生兒，不但已經懂得「工作」，還會展現出「重複」、「修正錯誤」、「精確」與「自求完美」的人類傾向。

有一次我觀察兒子羽辰喝奶，看到他吸吮著媽媽乳頭，突然放開，一下又再含著吸，但吸一下又再放開，很快又再含著吸，然後再放開……不斷重複著以上動作。以下是我當年為羽辰做的記錄，並附上圖片：

仔仔（羽辰的乳名）在剛開始學習喝母奶的時候，常常都會因為舌頭往上頂而無法正確吸吮到奶頭，出現「漏氣」的情形，總需要調整個好幾次才可以成功喝到奶。

今天是仔仔三週又兩天大的日子，下午媽媽在餵母奶時，大概喝了十五分鐘後，媽媽突然發現，仔仔會不斷重複練習著吸吮奶頭、放開、再吸吮的動作，彷彿是想要把他一直以來不太熟練的動作練得更精確，讓自己以後吸奶時不會再「漏氣」吸不到一樣。

於是，媽媽用手機把仔仔人生第一次的「重複練習工作」記錄下來。看他很認真練習，一直反覆練了六分鐘左右，然後就突然「當機」，帶著滿足的體驗睡著了。

睡了大概十五分鐘後，仔仔又醒來，想要繼續喝奶，這次輪到我用奶瓶追奶（當時媽媽奶量還不足）。喝了大概四十毫升之後，又看到他故意把奶嘴用舌頭頂出，頭轉到另外一邊，停一下，然後頭又轉回來，重複練習吸吮的動作！這次又練習了差不多五分鐘，直到把剩下的二十毫升喝完為止。

這正是蒙特梭利教育理論「人類傾向」裡，「工作」、「重複」、「修正錯誤」、「精確」與「自求完美」的展現。一個三週大的嬰兒，就已經展現出這種本能了。做為蒙特梭利人，這對我和媽媽都是一個寶貴的見證。

先前我們有定義：工作必須是孩子自發性、感興趣，並且能滋養生命的事；在這個例子裡，孩子的「工作」就是喝母奶，而他所「重複」的就是練習吸吮動作。為何他要重複？因為這是與他生命攸關、直接回應生理需求、維繫生命的活動，所以他當然會想要精鍊此動作。藉由不斷「重複練習」，他逐漸「修正錯誤」，讓自己的動作更有效率，最終達到「精確」，順利餵飽自己。

這一連串自我要求、自我提

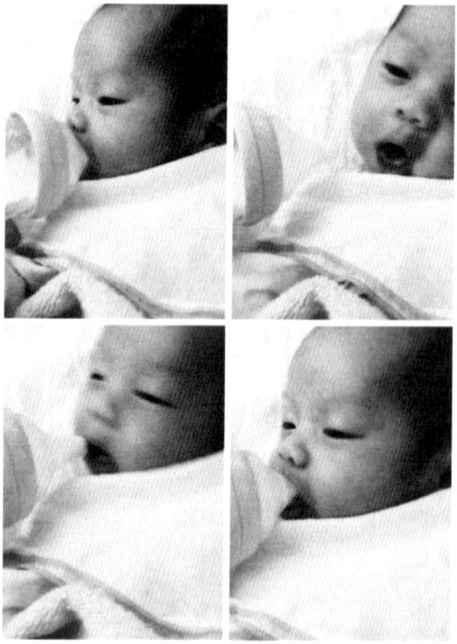

兒子正在練習把舌頭平放後再含奶嘴

升、自求完美的過程，並沒有任何外力驅使他，也沒有任何大人教導他，全是人類與生俱來就擁有的內在偉大潛能，透過工作展現出來。這讓我們發現，原來一個剛誕生沒多久的幼小生命，就已經懂得藉由工作來完美自己。

如果成人願意放下自己主觀的評估與判斷，允許自己以更客觀、更有耐心的態度來觀察孩子，孩子與成人是否能因此而培養出更好的連結？能否因此讓成人見證到生命更多的偉大？能否因此讓成人對孩子的未知潛力有更多的敬畏？

蒙特梭利博士透過對孩子客觀的觀察，窺探到孩子內在的祕密。願每個父母能透過對孩子客觀的觀察，找到更多愛孩子的正確方式。

02

預備良好的「工作」環境

我兒子羽辰在十一個月大時，開始能扶物行走。此時他已進入斷奶階段，除了早上喝奶外，午餐與晚餐已經吃副食品了，而且清醒的時間也愈來愈長。

零到六歲的孩子，會藉由感官（視覺、聽覺、觸覺、嗅覺、味覺等）來探索外在、認識世界。這時羽辰身體各部位都已能自主活動了，有著想要嘗試許多事情的衝動。

多年來我大量觀察零到三歲孩子的發展，發現孩子總是能從自己所屬的環境裡，找到可以回應內在發展需求的活動。若成人能給予孩子自由，允許他探索環境，他就會找到符合生命需求的活動來建構自己、完美自己。

但如果成人為了自身方便，經常把孩子放在嬰兒車、嬰兒床或螃蟹車裡，孩子被這些設備限制活動，可能會壓抑他自我建構、完美自己的生命能量。長期下來，不但可能讓孩子各種發展變得緩慢，還可能導致他沒自信、膽怯、退縮、容易受驚嚇等個性。

環境不佳會導致發展遲緩

以前我在幼兒園工作，曾經接待一位來參觀的媽媽。當時我與她聊得十分愉快，她說自己是透過家長介紹認識我們，很認同我們的教學理念，所以想讓孩子來就讀。當時我班上還有名額，所以決定一個星期後就讓孩子到我班上就讀。

第一天看到這個將近三歲的孩子（以下稱A），我發現他不太愛講話。跟他示範完一個簡單的日常生活工作——和老師確認後，他就非常感興趣的全情投入，一直重複練習。我觀察到他的動作有點急促，協調性也有點不足，但內心似乎對「工作」十分飢渴，感覺內在有許多發展需求，似乎在家庭環境沒有被回應到。

他重複練習了將近十分鐘後，動作停止了，臉上露出滿足的神情。助理老師引導他把工作送回工作櫃後，他開始環顧教室裡的各種教具，對很多工作都充滿好奇，睜大眼睛觀看著。

我繼續觀察A的舉動。他慢慢走到日常生活練習區的教具櫃前，開始動手摸上面的教具（探索）。然後，我看到他被一份工作吸引了，是「壺倒壺」的倒水工作：內容物是兩個透明的水壺，其中一個裝著七分滿的水，放在一個托盤上。

我看到A雙手握著托盤兩邊，嘗試把它拿起來。但同時我也觀察到，他的動作十分粗糙，而且身體平衡感不好。一個重心不穩，他不小心把教具打翻在地上了，發出「蹦」的一聲，壺裡的水也灑滿一地。

安靜的教室裡發出如此聲響，立刻引起所有孩子的注意。助理老師趨前想要協助並教導A如何善後，但他看到老師趨近，卻慌張的快步逃開，跑到桌子底下躲起來了！

助理老師蹲下來想要跟A講話，他卻在桌子下面大聲說：「不行！不可以！不行！不可以！」老師嘗試把他從桌子底下帶出來，他更是大叫：「哇——不可以！」這舉動讓助理老師也不知所措了。

我請助理老師先離開，然後慢慢走到桌前蹲下來，帶著微笑跟Ａ說：「Ａ啊，你有點害怕，想要在這裡，是嗎？沒關係的，等你準備好再出來，好嗎？」他看著我，停頓了一下後說：「好。」我便去做其他工作了。大概五分鐘後，他就自己從桌子底下爬出來。

當天傍晚，媽媽來接Ａ的時候，我告知她今天觀察到的情況，以及孩子發生的事。我詢問媽媽，孩子在家裡是否有類似的情況，希望從她的話語裡多了解Ａ在家裡是如何被對待的，何故會有如此表現。

沒想到媽媽一聽我說完，眼淚就流下來了，黃昏的夕陽照在她臉上，使面容顯得更加哀傷。她邊哭邊跟我說：「老師……這就是為什麼我不管家裡有多反對，還是堅持讓孩子來上幼兒園的原因。」

媽媽告訴我，她生完小孩之後因為要上班，所以Ａ從小到大都是被公婆帶大的。一直以來，她不曾過問公婆怎麼帶孩子，總抱持信任的態度。但她發現孩子到了兩歲半左右，語言發展、動作發展似乎都比一般孩子慢，平常不太會講話，說話也不太清楚。

直到上個月某一天，她因為身體很不舒服，跟公司請假提早回家休息。回到家時將近六點，那時是冬天，天色很早就暗了。一開門進到家裡，她發現一個人都沒有，客廳一片黑暗。當她把燈打開時，突然聽見房間傳來一些聲音。

她慢慢走到房門前，小心翼翼把門打開，心裡帶著一點點緊張與害怕。光線透進房間裡，仔細觀看，當場嚇了一跳。眼前這幕幾乎讓她心碎。

她看見A被關在嬰兒床裡，大人卻不在家，天都黑了還沒回來，就讓孩子一個人無助待在嬰兒床裡。A看到媽媽出現，馬上雙手握著嬰兒床垂直的木條搖著，恍如在牢獄裡，激動的邊搖邊喊：「媽媽！媽媽！」當下，她了解為什麼孩子會動作發展和語言發展遲緩了。這不是先天問題，而是後天環境造成的。

這位媽媽哭著敘述當時情境，我也邊聽邊流淚，並向她承諾，會盡最大的努力來幫助這孩子。

孩子需要真實環境的生活經驗

很多照顧者為了自身方便，會把小孩放進有高高柵欄的嬰兒床，或是孩子爬不出來的那種大型遊戲床，然後放一堆玩具在裡面，以為孩子有玩具就會自己玩而不無聊，大人也不會被孩子纏著，可以做自己的事。

但其實，**零到三歲的孩子有著太多內在發展需求需要被滿足，只能透過跟環境互動、跟大人互動才能被回應。這階段的孩子，需要的是真實環境的生活經驗**，在真實生活中發展動作、發展獨立、發展智能、發展語言、發展專注力與意志力。玩具不但無法回應孩子這階段的各種需求，長時間把孩子限制在嬰兒床、螃蟹車、嬰兒車等器具裡，更可能會影響孩子各種能力的發展，剝奪他們生命與生俱來自我發展的權利。

幸好，當年A來到我教室時大概兩歲十個月大，還沒滿三歲，正值許多敏感期的高峰。他熱愛學習，很快就對工作產生濃厚興趣，每天專注做著各種能回應他發展需求的教具。從日常生活練習開始，延伸到感官、語文、數學、文化等工作，他都充滿熱情的學習，重複練習著。

到了大班，A的動作發展和語言能力都已經追上正常小孩，甚至發展得比一般孩子還要好。在A身上，我見證到蒙特梭利教育的偉大，如同日本蒙特梭利教育家相良敦子曾在《二次啟蒙：給三到六歲孩子第二次機會》一書中提過，若孩子錯過了零到三歲的教育機會，仍可以在三到六歲時，從良好預備的環境中獲得補救：

零到三歲是幼兒最佳啓蒙時機，這個時期若能正確的應對，將為孩子成長奠下良好的基礎；而三到六歲的孩子充滿旺盛的能量，若能善加掌握，那麼孩子此後都能具備自我學習、自我負責的能力。即使孩子在零到三歲形成某些行為缺陷，只要在三到六歲透過適當的指引，仍有機會導正過來，這也就是為人父母絕對不能錯過的「二次啓蒙」。

A的教育成果，讓我更確定自己走在一條有意義的路上，對自己當時的工作更增添一份信心與使命感。

允許孩子回應內在發展需求

本篇開頭提過我兒子羽辰在十一個月大時的發展，那麼，他是做什麼「工作」來回應自身的內在發展需求呢？

早上喝完奶後，羽辰就會精神飽滿爬到廚房，把「好神拖」拿出來客廳。然後，他會坐在自己藍色小椅子上，一隻手以垂直方式將拖把柄握著提起來，讓拖把頭離地，然後開始轉動手腕。拖把頭上的毛就隨著轉動而張開。

我第一次看羽辰這樣做的時候，內心感到頗為驚訝，心想為什麼他會拿著拖把用手腕來轉動？這能回應他什麼發展需求呢？後來我思考了一下便知道原因。兒子正值十一個月大，手部神經髓鞘化已經過了手腕、手掌，手指的髓鞘化也已完成，開始進入精鍊手部動作的階段了。所以，他正順著內在導師的指引，藉由這活動重複訓練手腕轉動與手指抓握，完美自己的動作。

當我正驚訝著羽辰的內在導師，竟如此巧妙幫他找到回應內在需求的工作時，更有趣的事情發生了：當拖把頭的毛因為旋轉而張開時，他會把拖把頭像蓋印章般蓋在地上，發出小小「碰」的一聲，讓拖把頭的毛很順的一一張開，落在地板上。

如果他看到拖把頭的毛都精確、順利張開，就會把舌頭伸出來舔舔自己的上脣（覺得自己很厲害時的表情）；若是不成功他就會重來；如果連續失敗好幾次，他就會皺著眉頭，並發出微微低沉「哦」的聲音，表達心裡失望的情緒。不過他還是會持續重複練習，直到又「碰」的一聲順利完成，他的舌頭又會再舔一下上脣。如果右手累了，他就會換左手繼續練習，一直重複，直到感覺自己已能完美做到這動作為止。

看著羽辰不斷重複這動作，我突然想到：「啊！原來他在學我！」從他出生以後，我為了保持家裡乾淨讓孩子活動，每天早上都會拖地。使用拖把時，我習慣將拖把脫水後從水桶拿出來、用手腕轉動它，讓拖把頭的毛張開後，再輕輕「碰」的一聲落到地上。這動作我確實常常示範給羽辰看。現在他長大了，果然是有樣學樣！由此可見大人的身教真的很重要。

那時還不到一歲的羽辰，這樣「工作」就已經能持續專注半小時了。

這正是人類傾向「自求完美」的表現，透過重複練習、修正錯誤來達到自己認為的「精確」與「完美」。完美本身沒有標準，但重要的不是這標準在成人眼光裡對**不對，而是在孩子自我追求「完美」的過程中，他能發展出什麼樣的正向人格。**

如果在孩子零到六歲第一個發展階段裡，成人能把握孩子的「人類傾向」與「敏感期」，允許孩子從事能回應這些需求的活動，孩子的動作、意志及專注力，就能以最自然的方式被培養出來，不用擔心長大後會有專注力不足的問題。這是我認為蒙特梭利教育能改善目前社會大部分孩子專注力不足，最重要的事實。

一般人認為一歲不到的孩子只是在「玩拖把」的時候，其實他已藉此悄悄建構自己、完美自己的發展。這讓我們發現，原來生命本身自有找到辦法、克服困難的

本質，在過程中這未被外界影響的小生命，原來是可以這麼堅毅、勇敢的磨練自己。他追求的並不是獎賞或讚美，而是一個簡單且純淨的目標——希望自己變得更美好。

看著眼前這一幕，不禁讓我省思，生命的本質是如此令人感動，我們身為成人，都應該保有孩子與生俱來的潛力，持續讓他們發光、發熱。

03

了解孩子真正的「工作」需求

孩子在成長過程裡，大概到了九個月左右，伴隨著手部動作發展漸趨成熟，會開始藉由手部發展出的新能力——抓握與釋放，來進一步探索世界、了解他所屬的環境。

但孩子想拿的，通常都是大人不准他碰的東西，例如手機、遙控器，音響、電器、媽媽的皮包、首飾，甚至是玻璃杯、刀子、叉子等。孩子正是需要藉由探索環境中的真實生活用品來建構心智，但這時大人往往會對孩子說：「不行！會弄壞！」「不行！這個不可以拿！」「不可以！危險！」最後孩子可以拿的就只有一樣東西：大人買給他的玩具。遺憾的是，玩具只能滿足孩子短暫的欲望，真實生活才能豐富他的心智。

若想要給予孩子良好教育，我們必須了解孩子真正的需求是什麼。

別用你的期待限制孩子的發展

人類與生俱來就有探索環境、適應環境、挑戰環境、征服環境的人類傾向。他必須透過與環境互動，才能完美自身的心智與人格建構。所以我們常發現孩子在**這階段會有一種狀況：大人愈抗拒，孩子愈持續**。你愈不想孩子做的，他就愈想要做。他想要克服困難，完成自己的生命演化。

有次我到一位媽媽家裡進行觀察，她有兩個孩子，一個是兩歲半的姊姊，另一個是大概十一個月大的弟弟。觀察開始時，姊弟倆正在吃午餐。結束後，媽媽就開始在客廳的圖書角講故事給兩個孩子聽。

姊姊聽得很專心，但弟弟聽了一陣子後就心不在焉，開始環顧四周。突然，他看到一個感興趣的東西在牆邊，於是就往那邊爬過去，一直爬到客廳角落的掃地機器人面前。他雙手握著它在地上轉動，按著上面的按鈕，聚精會神的探索著眼前感興趣的事物。媽媽看到了，一邊繼續講故事，一邊走到弟弟旁邊，把他抱回圖書角坐著，讓他繼續聽故事。

但不到一分鐘，弟弟又爬到掃地機器人面前，雙手握著它在地上轉動，按著上面的按鈕，想要繼續探索。於是，媽媽再次過來把他抱回圖書角坐著，讓他繼續聽故事。

如此，媽媽和弟弟就展開一場無聲的角力：弟弟想要探索掃地機器人，但媽媽想要讓他聽故事，五、六次下來，似乎彼此都不願意讓步。

媽媽之所以會一直把弟弟抱回去聽故事，我猜想是因為她心裡有一些觀點。可能她認為「聽故事」就是應該要專心，而且「聽故事」比「玩掃地機器人」更重要。所以她的期待是「弟弟要專心聽故事」。

但另一方面，弟弟內心卻是被生命最原始的衝動（人類傾向）驅使著，他當下想要去探索環境、了解環境，而不是故事欣賞或語言學習。他的期待是去了解眼前這台掃地機器人，而不是去聽媽媽講故事。我猜想弟弟應該在家裡有看過這台掃地機器人自己走來走去吸地，所以感到很好奇吧！

但是大人若不了解孩子的內在發展需求，又有自己對孩子的期待時，很容易就會限制了孩子的內在衝動，硬要孩子去滿足自己的期待。結果就是「大人愈抗拒，孩子愈持續」，通常最後是兩敗俱傷，以悲劇收場。

當天的結局是：媽媽乾脆把掃地機器人收到櫃子裡關起來，讓孩子無法再看到、碰到。不過收起來之後，孩子也沒有如媽媽所期待的乖乖聽故事，而是繼續爬來爬去，找著自己感興趣的東西。

由於我當天的角色純粹是一位孩子觀察者，所以並未對媽媽給予任何建議。但如果可以，我想我會跟她說：「孩子的內在導師，正引領著他往幫助自己生命發展的方向前進。他正探索著環境，尋找能回應他內在發展需求的工作。這是神聖且莊嚴的生命歷程，我們成人未必幫得上忙，但至少我們可以給予祝福，並從旁觀察，耐心等待孩子找到能回應他的事物後，允許他、守護他全情投入內在生命與外在世界連結的自我建構過程。」

蒙特梭利博士說，**「跟隨孩子（Follow the Child）」是成人希望幫助孩子生命發**

展最應該做的事。因為對孩子有幫助的，未必是我們主觀的詮釋（他現在應該聽故事），而是眼前看到客觀的事實（他想要玩掃地機器人）。

孩子顯露給我們看到的，往往都是他獨有的生命發展祕密。我們應該嘗試看懂他、尊重他、允許他。

為孩子示範物品的正確使用方式

講到這裡，可能很多人會提出一個問題：「孩子如果不會用，會把東西弄壞耶！難道就給他自己玩，把東西弄壞掉嗎？」

確實，我們常發現當孩子不知道怎麼使用一件物品時，通常會有固定的標準操作步驟，就是「咬、打、敲、甩、丟」，這樣東西可能會被弄壞，我們該怎麼辦呢？

其實，孩子之所以會碰觸環境周遭的物品，並不是想破壞它們，而是想了解它們，並學會如何正確使用，讓自己能融入所屬的環境。

蒙特梭利博士曾說，孩子會以不正確的方式使用物品，通常是因為他們還沒學會正確的使用方式。

所以，如果我們能以符合孩子成熟度的方式，教導他如何使用，並緩慢清楚的示範，那他在觀察示範時就會變得專注。當我們讓他練習的時候，因為有明確的目標，他會更有意識的控制自己動作，動作因此變得更精細，不會出現毫無章法、亂玩的情形。若大人有這樣的觀念，那麼孩子拿到手上的東西，都可以成為幫助他發展心智的「教具」。

以手機為例，我兒子羽辰大概在一歲時第一次看到我的手機，想用手去拿，我便告訴他：「羽辰，這是爸爸的手機，我示範給你看怎麼把手機打開哦。」

然後，我就會按手機的主畫面鍵，讓螢幕亮起來。這時他看到螢幕亮起來了，就睜大眼睛看著我。

我就說：「羽辰，你想要試試看嗎？」我把手機螢幕關掉，讓他按主畫面鍵把螢幕打開。第一次練習的時候，他重複了六、七次。之後，當他看到我或太太的手機，就會去按主畫面鍵打開手機，不曾拿起來丟或甩過。這證實了我們的理論：當孩子懂得怎麼正確使用一個物品，就不會用錯誤的方式來操作。

再來是電視遙控器。羽辰大約一歲五個月大時，第一次在爺爺房間看到電視遙控器，想要去拿，我就跟他說：「羽辰，這是電視遙控器，我示範給你看怎麼把電視關掉哦。」

我向他示範怎麼按遙控器右上角的紅色大按鈕，一按下去，原本開著的電視就關起來。看到電視機螢幕黑掉、突然沒有聲音，兒子又睜大眼睛看著我。

我跟他說：「你看，我把電視關起來了。現在，我要再按一次這個按鈕，把電視打開。」

我又按了按鈕把電視機打開，接著把遙控器遞給兒子，讓他練習。這時候，他專心控制著自己的小手，重複練習這動作。之後每當看到遙控器，他就會練習開關個兩、三次，然後再去做別的事。又練習幾天之後，他就不再按了，因為他已經藉由探索的過程適應了環境，並且昇華自己——習得如何使用遙控器的新能力。

我兒子在兩歲三個月左右，就已經懂得在家裡幫我們開音響播音樂。我們有教他怎麼按「on/off」打開音響；接著拿光碟，按「open/close」把光碟槽打開，將光碟放進去，然後再按「open/close」關起光碟槽；最後按「play」開始播放。如果聲音太大，他還懂得輕輕轉動音量的「volume」鈕，讓聲音變小呢。

記得某次的親職講座中場休息時間，一位媽媽過來問我問題。她是一位幼教老師，但覺得自己的孩子很難教。她對我說：「老師，我很喜歡你講的內容耶，其實不瞞你說，我也是幼教老師，但是最近有一些困擾，想請你給我一些建議。」

我說：「好啊，是學生的問題嗎？」她回答：「學校都沒問題啦，我覺得有問題是我的孩子啦！」

我有點疑惑的問：「怎麼了？」她說：「我的孩子現在四歲半，愈來愈不聽話啦！家裡愈不准他碰的東西，他就愈故意要拿。他會趁我們沒注意的時候拿來玩。當我看到他在作怪的時候，就提醒他：『喂！不是跟你說那個東西不可以拿嗎？』他就會故意把東西丟在地上，然後跑掉。」

她接著劈里啪啦的講：「還有啊，他很想要玩我老公的音響。我老公對音響很寶貝，不准他碰，但他有時候就是不聽話，想要去開，結果我老公知道了就會揍他一頓。有一次啊，我們去朋友家裡，他家裡也有音響。結果，我兒子趁大家不注意的時候，竟然跑去開別人的音響，還不小心把音響的光碟槽給弄斷。唉！我們就打了他一頓。老師，我們真的很困擾，要怎麼教他才會聽話？」

這位媽媽講到這裡時，我看著她說：「媽媽。」然後停頓了五秒。這個停頓，讓她的抱怨停了下來，心也定了下來。她專注等待著我要說的話。

我看著她，緩緩說道：「媽媽，你覺得他從小到大，是在一個自由的環境裡成長，還是在一個很多限制的環境裡成長呢？」

媽媽想了一下，有點不好意思的說：「呃……是限制比較多啦……但，這些也是他不應該做的事啊。」

我問她：「例如呢？什麼是不該做的事情？」媽媽回答：「很多啊，譬如說開檯燈啊。」我聽了有點疑惑，問：「開檯燈？」她說：「對呀，因為他會把它給拉下來啊。」

我再次向這位媽媽確認：「你說你的孩子幾歲？」她回答：「四歲半。」我對她說：「媽媽，我兒子在一歲多的時候，就會自己開關檯燈了。」

這位媽媽有點驚訝的問：「他不會把檯燈扯下來嗎？我們家就是因為這樣，打破了一個檯燈。」

我說：「我兒子在一歲時第一次自己開檯燈，也會把檯燈扯下來。但孩子的重點是想學會怎麼開關檯燈，而不是故意想把燈扯下來。所以我的做法是，把檯燈放在他房間裡一個比較矮的櫃子上，讓他可以自己練習開關檯燈。我們還在周圍鋪了軟墊，就算他力道控制得不好，把檯燈扯了下來，也只是掉在軟墊上，不會打破。練習幾次之後，他就懂得怎麼開燈與關燈了，不會再把燈扯下來。」

我停頓了一下，然後向她強調：「**所以教育的重點，是幫助孩子學會做他想做的事，而不是他不會做的事就不給他做。**」

媽媽聽到這裡，有點恍然大悟的說：「哦！」

我繼續說：「我兒子在兩歲多的時候，就懂得自己開音響並播放音樂了，還會調音量。所以重點不是我們覺得孩子應該做什麼，不該做什麼，而是要透過觀察去了解孩子想做什麼，並幫助他去做到，回應他的內在發展需求。」

講到這裡，休息時間已然結束，準備要進入第二節課。這位媽媽向我答謝後就回到自己座位上。在開始前，我沉默低下頭，給自己大約五秒的時間，預備上課的情緒。

然而，當我閉上眼睛時，想到這位媽媽說他們是如何對待無辜的孩子，突然心裡感到有點難過與不捨，而腦海裡浮現出一句話：「這不是孩子的錯。」

我心裡默默祈禱，願有更多父母懂得孩子的內在發展需求，以更正確的方式來回應孩子，讓他們的成長更正向、更幸福。

孩子的內在，隱藏著偉大的靈魂

我兒子在一歲半時，曾做過一件讓我很震撼的事。

我家廚房的流理台下面有一個櫃子，都是放瓷盤。羽辰一定看過我們打開那櫃子把盤子拿出來，所以某天我在廚房的時候，他就走進來，蹲在這櫃子前面並把它打開。我跟他說：「羽辰，裡面放著的是盤子哦。」裡面大概有五、六個疊起來的瓷盤。

羽辰說：「哦。」然後，他看著裡面的瓷盤，思考了一下，竟然將兩隻手伸進去，想把疊在最上面的盤子拿出來。

我看到時心想：「糟了！會打破的耶，要不要讓他拿呢？」但我的信念一向很蒙特梭利：「在沒有立即危險時，允許孩子探索環境。」我暗自思考會不會有危險？可能。但是不是立即的？不是。所以可不可以？應該可以。腦袋快速思考一輪後，我深呼吸並跟他說：「羽辰啊，這是盤子，你想要拿出來，是嗎？」他說：「哦。」然後，他就兩隻手開始把最上面的盤子拿出來。

我說：「小心……會打破的哦！要小心不要打破……。」於是，羽辰就蹲著把第一個盤子拿出來了。看他把盤子穩穩拿在手上，臉上有著好像不知道拿出來要做什麼的表情，我看著他，心裡撲通、撲通一直跳。

結果，他把盤子很穩的放到地上。我就說：「羽辰，你把盤子拿出來，很穩的放在地上了。」然後，我竟講了一句後來覺得自己很蠢的話：「你要再試試看嗎？」

頓時發現我內心的「蒙特梭利魂」，真是連自己都沒有辦法抑制啊。

他回答：「哦。」雙手再伸過去拿盤子，然後又穩穩把第二個盤子拿出來，疊放在第一個上面。我的心，仍然撲通、撲通跳著。

當時我沒有再講話，因為我感覺這時候應該要保持安靜，不要讓他被我的話影響到。結果羽辰把第二個盤子拿出來之後，第三個、第四個、第五個……直到把裡面所有盤子都拿出來疊好！

當下我實在想不到，一個一歲半左右的孩子，竟然能把瓷盤這麼穩定的從櫃子裡一一取出並疊好。當兒子把所有盤子拿出來後，我就用語言肯定他：「羽辰啊，你很穩的把所有盤子都拿出來疊好了。」

然後，我竟又被「蒙特梭利魂」驅使，講了一句比剛才更蠢的話：「你想要把它們放回去嗎？」結果他又：「哦。」然後又一個一個、慢慢的把盤子完美疊回去。

我說：「羽辰啊，你把盤子全部都放回去櫃子裡了！」但這次我沒勇氣問他要不要再拿出來一次了，所以就說：「好了，請你把櫃子關起來吧！」他就「碰」的一聲把櫃子關起來，臉上帶著滿足的神情離開廚房了。

原來透過「回應孩子內在發展需求」的教育方式，連一歲半的孩子都能有足夠專注力與意志力，把雙手與身體控制好，穩穩把瓷盤一一從櫃子裡拿出來疊好，再把它們全部放回去歸位。我們為何常常都把孩子看得如此渺小呢？

看著兒子離開廚房的小身影，我感覺到這個小小孩的內在，原來隱藏著一個神聖且偉大的靈魂。他正每天以自己了解的方式，時刻努力工作著、重複著，修正自己的錯誤，讓自己變得更完美。

這讓我更確定，為了要成就孩子未來無限的可能性，並創造更美好的未來，我們唯有以謙卑的心來看待孩子，跟隨孩子，他們才能顯露出真正的色彩。

Part 2

規範

阿德勒正向教養指出，若孩子缺乏了歸屬感與價值感，為了使自己得到滿足，就會做出各種不當行為。因此教養的關鍵在於，以和善且堅定的態度給予孩子規範，保有他的歸屬感與價值感，帶出長期且正向的影響。

「囝仔就是愛怕甲欸乖啦！（孩子就是要打才會聽話啦！）」

這句話是我早年在幼兒園，一位阿公曾經跟我說過的話。那時他的孫女小蓉在我學校，從小班開始一直到大班畢業。在這三年裡，我見過這位阿公好幾次在大庭廣眾下打孫女。

有一次放學時間，當天下著大雨，天色灰暗。阿公穿著雨衣騎摩托車緩慢進到我們學校操場。當時，我站在一樓走廊，看到阿公來了，趨前跟他打招呼後，就用麥克風廣播他孫女下樓回家。

不一會兒小蓉下來了，阿公拿著孫女的雨衣，正要幫她穿上的時候，突然小蓉跟阿公說：「啊！阿公對不起！我忘記拿一個東西了，請等一下，我馬上回教室拿！」

於是小蓉又跑回教室。這時我看到阿公手上拿著小蓉的雨衣，臉上露出不悅的臉色。大概兩分鐘後，小蓉跑回來了，手上拿著一個當天在教室製作的美勞作品。她走到阿公面前，正要講話的時候，突然間阿公舉起右手，狠狠用拳頭敲了一下小蓉的頭，罵道：「X！什麼都不記得！」

當下我被阿公這樣的舉動嚇一跳，小蓉也被打得愣住了。瞬間，我看見淚水充斥著小蓉雙眼，但她刻意把眼睛睜大，似乎不想讓眼淚流下來。

後來我才知道，她從小在充滿威權及高壓的環境下長大。被大人責備、打罵之後如果哭了，只會被打得更慘。阿公不但不喜歡小蓉不乖，更不喜歡她被修理後還哭。

「穿雨衣啦！」阿公用命令的語氣對孫女說。小蓉仍強忍著眼淚，遵照阿公的話，默默把雙手穿進阿公拿著的雨衣內。然後，祖孫倆就騎摩托車準備離開了，那時我仍回不過神來，以錯愕、驚訝與不可置信的眼神看著阿公。這時，他看著我，用篤定、豪邁的語氣對我說：「我嘎你貢啦少年誒，英那就是愛怕甲欸乖啦！（我跟你講啦年輕人，孩子就是要打才會乖啦！）」

儘管當時我非常資淺，才剛進幼教行業，仍不敢苟同這位阿公對孫女的教育方式。

後來小蓉班上的老師跟我說，她手上的勞作，其實是下課時特別做來送給阿公的。

我們學校比較資深的老師、主任，也曾經規勸過阿公，希望他盡量不要用這種打罵的方式對待小蓉。因為這些方法，會造就一個自信心不足、價值感匱乏的孩子。而阿公對待小蓉的教養方式，會讓她長大以後變成怎樣呢？我親眼見證了這個事實。

小蓉大班畢業後，我們有一年的時間沒有再碰面。到她小學二年級時，我們有緣再次延續師生的關係。這次，我是她的美語老師，她來到我的補習班報名上課了。

在學習美語的過程裡，我看到她的沒自信，尤其是唸英文的部分。在課堂上，她幾乎從來不曾舉手回答問題，而每次個別被邀請唸課文的時候，她不但唸得很小聲，而且幾乎都唸錯。

這樣的情形持續下來，她的進度自然就慢慢落後了。為此，我邀請小蓉個別時間來教室進行一對一輔導。在個別練習時，我發現很多單字明明是她會唸的，而她已經把這些字唸到嘴邊了，嘴形也正確無誤，但就是不敢發出聲音唸出這些字。

我在旁邊鼓勵她：「是的，小蓉，我看到你嘴巴的發音是對的，這樣唸出來就好囉，來。」但她還是一直只有嘴巴動著，不敢發出聲音。我繼續在旁邊鼓勵著；突然，她停了下來，整個人愣住並一言不發，只是呆呆看著課本。

當下看到她的表現，喚起了我以前的回憶，她被阿公打完後愣住的神情，跟現在一模一樣。小蓉沒有任何表情的臉，更讓我感受到，原來一直以來她內心所受的傷害有多重。這是一個在成長過程中被過度打罵，因此缺乏歸屬感、缺乏價值感、不敢再努力的生命。

不說話的小蓉，以這種姿態來表達了她自己：「我寧願不講，也不要講錯。」「我就是爛，我就是不行，你打我吧！」

我了解小蓉是受到什麼樣的對待長大的，心裡對她更是感到不捨。一個從小動輒得咎，一做錯事就被打罵的孩子，試問又有多少勇氣來面對人生呢？

看著這無助的生命，我決定要做些什麼來幫助她。

於是我問她：「小蓉，你阿公常常打你，是嗎？」

小蓉被我這樣一問，當下眼睛睜大了一點，表情顯得有點驚訝。但仍然沒有看著我，眼睛還是瞪著課本。然後，她緩慢點點頭，彷彿被這句話喚起一些童年往事。

我以緩慢的語氣再問她：「你喜歡阿公打你嗎？」

聽到我這句話，小蓉本來呆滯的眼神突然充滿淚水。但她此時仍像當年那樣努力把眼睛睜大，強忍著淚水，不允許自己讓眼淚滴下來。

我繼續緩慢的跟她說：「小蓉，你在這裡如果犯錯了，老師絕對不會罵你，所以你不用怕。」

聽到我這樣說，小蓉淚水終於忍不住了，開始不斷從臉頰兩邊滑落，一滴一滴沾濕放在桌上的課本。眼淚滴在書上時，發出「答答」的聲音，任何人聽了都會心碎。

我遞幾張衛生紙給小蓉，她只是緊緊握在拳頭裡，繼續流著眼淚。

儘管眼淚已無法控制的傾瀉而出，小蓉仍然不敢吭一聲。不過跟以前不一樣的是，她多年來所受的傷，今天終於有人理解了；她多年來的情緒，現在終於有個釋放的機會了。

小蓉哭完之後，我給她一些時間把眼淚擦乾。等她準備好，我問：「你有好一點了嗎？」她點點頭。於是，我再請她唸剛才一直唸不出來的句子。

這次，她看著課本，停頓了一下，自自然然的把字一個個唸出來了。

內心充滿感動的我仍小心翼翼，以穩定、緩和的態度給予她鼓勵，惟恐自己太激動的情緒，會讓這剛萌芽的勇敢小幼苗受到打擊。

回想這件事，不禁讓我想起薩提爾女士說過的一句話：「**我們無法改變過去，但我們能改變過去事件對我們的影響。**」當年我還不懂薩提爾或阿德勒。如果懂，或許會與小蓉有一段更美好的對話。

01

起於缺乏歸屬感與價值感的四種不當行為

其實許多大人都有這樣的觀念：「孩子做錯事，就是應該要被責備、被處罰、被打、被罵，他才會學乖，才會學到正確的觀念。」甚至有很多大人從小也是這樣被打罵過來的，覺得自己現在也沒什麼問題。成為父母後，他們也不太深思這觀念是否適合用在孩子身上，於是也認同要讓孩子從錯誤中成長，必須讓他經歷一些「苦頭」才會記住或學乖。

另外有些家長因為從小被打罵，了解到這種方式不好，所以有了孩子以後，不希望用同樣的方式來對待孩子。然而，孩子在成長過程一再挑戰家長的底線與耐心時，終究忍不住打下去、罵下去了。最後的結論是：「孩子就是不打不聽話、不罵不學乖，好好跟他說都沒用。」

但試想，這種「要讓孩子變得更好，先要讓他變得更糟」的觀念，真的對嗎？你會不會覺得有點荒謬？一個內心覺得自己很糟糕的孩子，又有多少正能量可以改過自新呢？我們打罵完孩子以後，就要求他馬上改過自新、重新做人，難道他沒有受傷嗎？就像主人一邊鞭打著奴隸，卻一邊要求他站起來，這不是很矛盾嗎？

我在本書前面有提到，若要培養孩子的正向人格，必須從小保有他的「歸屬感」與「價值感」。如果我們讓孩子在犯錯時感覺自己很糟、很爛，這樣可以增長孩子的歸屬感與價值感嗎？答案很顯然是否定的。

簡．尼爾森博士提出，**在孩子的成長過程中，若環境無法回應他歸屬感與價值感的需求，他就會自己做一些事，嘗試得到這份滿足。**

這種內在發展需求沒有被滿足的心理狀態，在蒙特梭利教育也有提及，稱為「心理偏態（Psychic Deviation）」[10]。它是一種心靈的缺陷，行之於外的就是孩子的各種偏差行為（Misbehavior）或是「症狀（Symptoms）」。

而薩提爾女士則認為，「症狀」是對問題的潛意識解決方式，即使它創造出失功能（Dysfunction）的模式，也是因為人們試圖從問題所帶來的痛苦中求存。**由此可知，很多時候孩子出現的偏差行為，其實都是潛意識所致，是非理性而不是故意的。這番話，終於可以為全天下的孩子平反了。**

簡·尼爾森博士亦提出，在缺乏歸屬感與價值感下，孩子會出現的四種不當行為，並說明不當行為背後的錯誤信念與目的（Mistaken Goals），幫助成人更了解孩子偏差行為背後的原因。以下分別詳細說明。

1. 尋求過度專注

媽媽在講電話時，孩子一直叫：「媽媽、媽媽、媽媽、媽媽……。」媽媽問：

10 心理偏態（Psychic Deviation）普遍是從生命的前三年開始的。三歲前的孩子除了有歸屬感與價值感需求外，同時也有發展語言、發展動作及發展獨立的內在需求。但不幸的是，這三種重要的發展，往往會被家長有意、無意的限制。前面談「人類傾向」的內容，對孩子發展確實非常重要。唯有了解孩子內在發展需求，懂得如何去回應，才能避免他產生偏態。

「什麼事？」孩子卻說：「沒有。」然後媽媽繼續講電話。過不到一分鐘，孩子又不斷叫：「媽媽、媽媽、媽媽、媽媽……。」媽媽再問：「什麼事？」孩子還是說：「沒有。」

這種事每天都在不停重複著，孩子常會做一些事來引起大人的注意，被提醒後，隔一陣子又再繼續。或者在媽媽忙著煮飯、洗衣服的時候，孩子會要求媽媽要陪自己，或是要媽媽幫忙做一些自己就能做的事。

我們可以透過大人的感受，判斷孩子不同的錯誤信念與目的。舉例來說，當孩子尋求過度關注時，他的行為會讓媽媽感受到「厭煩」（一直被打擾，沒辦法做自己想做的事）或是「愧疚」（孩子一直在哭，但我沒有陪他）。

尋求過度專注的孩子，其錯誤信念為：「唯有得到你的注意，我才覺得自己有歸屬感。當你忙著我的事情時，我才覺得自己是有價值的。」

2. 權力鬥爭（要當老大）

在外面吃飯時，孩子很無聊開始敲碗，媽媽制止道：「不要敲碗，這樣很吵。」孩子卻回答：「我沒有啊。」媽媽說：「你還說沒有？你剛剛明明就在敲碗。」孩子堅持說：「明明就沒有！」媽媽不滿的回應：「你再說謊，就把你的碗收起來囉！」孩子生氣大聲說：「我根本就沒有說謊！」媽媽也生氣的說：「你這沒大沒小的孩子！」然後就一拳揍下去，孩子開始痛哭。

讓我們再看另一個例子。

晚上要出去吃飯，爸爸和媽媽正討論著要吃什麼，孩子插嘴：「我今天要去吃義大利麵。」媽媽說：「今天沒有要去吃義大利麵哦，因為前兩天我們吃過了。」孩子堅持說著：「今天就是要去吃義大利麵。」媽媽搖頭回答：「沒有哦，今天要吃別的。」孩子固執的喊道：「今天就是一定要去吃義大利麵，你們都必須聽我的！」媽媽不滿，對孩子說：「不要以為你這樣講我們就要聽你的！你再這樣，小心我揍你！」孩子怒回：「討厭！」媽媽生氣的說：「你敢說媽媽討厭？」然後就一拳揍下去，孩子開始痛哭。

孩子如果從大人身上得不到歸屬感與價值感，慢慢會跟大人有愈來愈多的鬥爭。因為他們誤以為必須要爭贏大人或是讓父母不高興，自己才會被在乎，才有價值感。

這種行為通常會讓父母有被孩子威脅的感覺，並因此感到憤怒、挫敗。被孩子挑戰會讓大人覺得：「你敢挑戰我？」「你竟然不聽我的話？」「你以為你這樣就可以得逞？」「你以為自己是老大嗎？」「我就是要讓你聽我的！」

權力鬥爭的孩子，其錯誤信念為：「唯有當我為自己做決定時，我才有歸屬感。你不可以控制我。」

3. 報復（以牙還牙）

孩子做不對的事，被大人提醒後會變本加厲，或改做其他不當的事來繼續刺激大人；通常也會在生氣時破壞物品、丟東西、傷害別人、傷害自己，或對大人講很不禮貌的話，做出種種以牙還牙、報復的事情。

這種行為常讓父母當下感到很受傷、難過、驚訝、錯愕（這些感受是在轉為憤怒以前出現的），並對孩子感到厭惡與失望。

有報復行為的孩子，其錯誤信念為：「你根本不在乎我！我在你身上得不到歸屬感，也得不到價值感，所以當我受傷時，也要讓你受傷！」

4. 自暴自棄

「我不會。」「我不知道。」「我沒興趣。」「你們不用理我，讓我自己一個人就好了。」「我不知道為什麼要活著。」這種孩子的問題不會改善，因為他們不願意面對問題，非常被動，不願意嘗試，也不想努力。

這種行為會讓大人感到很氣餒、甚至想放棄這孩子，覺得這孩子自認沒有能力，無法有所擔待。但其實孩子絕對不是故意想要這樣的，每個人與生俱來都有提升自己、自求完美的人類傾向，何故這生命會變得如此消極與絕望呢？通常是因為在他的成長環境裡，沒有人能給予他任何歸屬感與價值感，讓他不斷自我否定所致。

自暴自棄的孩子，其錯誤信念為：「反正我就是沒價值、沒有人在乎。」「我很無能，我很爛。」「反正我怎麼做，別人永遠都不會滿意、不會認同我。」

六歲前是處理偏態關鍵期

不僅孩子會有偏態，大人也是如此。如果小時候的偏態未被削弱，將會對一生的發展造成影響。**如果偏態在前幼兒期（零到三歲）就開始了，通常會持續到後幼兒期（三到六歲）。除非我們可以找到一個幫助孩子削弱偏態的環境（例如第一五五頁提到的孩子A），否則到了六歲以後，它們就會隱藏在孩子的性格底下，變成潛在的偏態（日本心理學家河合隼雄稱這種狀態為「蛹期」）；到了青春期就會再次爆發出來，同時會變得非常明顯。**

要在青春期（或之後）改善偏態，首先這個人要坦誠面對、接受自己的這些個性，了解它們造成的影響，然後下定決心去改變。多覺察自己、善意提醒自己，多欣賞自己的努力，學習全方位觀看自己的生命。透過自身的意志力與時間，才能將偏態逐漸削弱。這會是一個有意識的選擇與行為，也可以說是一種漫長的轉化過程。所以，我們會希望孩子的偏態能在六歲前就被處理好，因為遠比青春期之後再改善簡單得多。

以前我在美國進修蒙特梭利教育時，我的指導老師是聯合國教科文組織蒙特梭利教育代表的杜博威博士（Dr. Silvia C. Dubovoy），她說自己之所以會從心理學領域轉到蒙特梭利教育，是因為發現**只要把零到六歲孩子的教育做好，讓這些孩子經驗正常化**[11]**，他們長大後就不再需要看心理醫師或接受心理治療了**。一個曾經在零到六歲有過正常化經驗的孩子，若在往後的人生遇到許多不良際遇，因而出現種種偏

---

11 蒙特梭利博士認為「正常化」有兩個意義：第一，代表「正常化的發展」。透過一個又一個階段的獨立而產生，是孩子成長的正常狀態；第二，代表「統合的身心理發展能量」。蒙特梭利博士認為，人類生命擁有生理與心理的發展能量，在生命起始時這兩種能量是統合的，相輔相成帶領著生命發展。但如果身心理能量被某種原因分開，個體偏差的發展狀態——「偏態」就會產生。若孩子能找到自己感興趣的工作，透過專注的重複練習，能將內在分裂的身心理的發展能量再度統合。所以蒙特梭利教育非常重視孩子「自發性的專注」。而幫助孩子趨向正常化，則是蒙特梭利人在教育上最重要的目標。

態；只要他能回到一個適合生命發展的環境裡生活，就能恢復以前的正常化。

當年聽到老師這麼說，我內心非常感動，因為我正是過來人。小時候我在良好的家庭環境下長大，發展是正常化的。但進入青春期以後碰到種種不好的際遇，內心逐漸出現偏態，因而走了許多冤枉路。在將近三十歲時遇到蒙特梭利教育後，我才從孩子身上找到自己的志向，漸漸在穩定的工作環境裡恢復正常化。

因此，我當時更堅定要走在蒙特梭利教育的路上，是因為蒙特梭利的環境與了解蒙特梭利教育的成人，確實能回應孩子的內在發展需求，不但能幫助他趨向正常化，也能幫助成人趨向正常化。至少，我是在其中得到轉化的見證者之一。

阿德勒正向教養的四大目標

但要幫助孩子正向發展，除了要有預備的環境，也需要有預備的成人。對於成人教養孩子的方式，每次我在舉辦阿德勒正向教養的工作坊或親職講座時，會在一開始就說明以下四大目標。銜接在後的所有內容，也不會背離這四個核心價值。

第一，使用的教養方式，必須保有孩子的歸屬感與價值感。

所有正向教養的方式，都能保有孩子的歸屬感與價值感。長期被打罵、威脅、恐嚇等教養方式對待的孩子，內心會受到很大的傷害，不但覺得大人不在乎他、自己不值得被愛，還會覺得自己沒有價值或很爛。這種減損孩子歸屬感與價值感的教養方式，是無法培育出正向人格的。

第二，教養方式要有長期效果。

所有正向教養的方式都有長期效果，不會隨著孩子逐漸長大而失效。打罵、威脅、恐嚇、處罰等方式，在當下或許有嚇阻作用與立即的效果，讓孩子屈服於成人的威權，但這些方式不具有長期效果。因為隨著孩子愈來愈大，我們沒辦法繼續用打罵、威脅等方式來有效管教他。想想看，當孩子到了青春期，家長還能用打的嗎？萬一孩子逃走，甚至還手呢？當我們用威脅、恐嚇的方式，假如孩子已經不在乎家長威脅的條件，這些手段是否還會有用？

有位家長寫信給我，說她目前讀高中的孩子已經離家出走了。她傳訊息過去他不回；去學校找他，他也是不理，還跟輔導老師說他堅持不回家。現在這位媽媽很後悔，因為孩子從小到大，她一直都用很嚴格的教養方式：孩子不聽話就罵他、打他，甚至拿東西丟他；隨著孩子漸漸長大，可想而知每當他被責備，對媽媽的態度是愈來愈不好，而媽媽對孩子的方式也愈來愈糟糕。

有一次，孩子嘗試以自殘的方式來獲取媽媽的關注與安慰（這是他希望從媽媽那裡得到歸屬感的最後一次行動），但媽媽當時很生氣，因為覺得孩子太沒禮貌了，所以「冷處理」不予理會，以為這樣他就不會再犯。結果，這個「冷處理」擊碎了孩子對媽媽最後的盼望，現在他已經不再回家了。

說到這裡，有些家長會說：「我不會不理孩子，雖然在孩子不乖的時候打罵、處罰，但都會在心情平復後跟孩子好好講道理，讓他了解剛才被罵、被處罰的原因，讓孩子知道是非對錯。」

相信不少人都覺得這種教育方式很不錯。打罵完只要跟孩子講道理，讓他知道自己為什麼被打罵就好了，何必還要這麼麻煩，學一大堆所謂的正向教養呢？

如果你也這樣覺得，不妨試想一下：你的伴侶都用處罰、打罵的方式來對待你。但等到心情平復後，都會好好再跟你講道理，告訴你剛才處罰、打罵你的原因。這樣，你是否會覺得「這個人對我實在太好了，我在他身邊充滿歸屬感與價值感」呢？遭受家暴的人會覺得自己有價值嗎？答案當然是否定的。既然如此，為什麼我們反而認同打罵孩子是可以被接受的教育方式呢？

其實，這些都是我們成人自以為是的偏見，以及原生家庭的慣性模式，造就我們對孩子種種的不尊重與合理化啊！所以，如果我們希望與孩子在成長過程中保持良好關係，就必須學習正向教養。

第三，教養方式要能養成孩子正向人格。

我們都希望孩子長大以後有良好品格、正向的生活與社交能力，例如有自信、EQ好、有同理心、懂得尊重別人、負責任、懂得解決問題、人際關係好等。前面有說過，培養孩子正向人格與各種生活能力的關鍵，在於從小保有他的歸屬感與價值感。所以最重要的問題來了，在給予孩子規範時，我們的態度與方法該如何，才能保有孩子的歸屬感與價值感，才算是「正向教養」呢？答案就在下一頁。

第四，「和善」且「堅定」的態度。

核心價值就在於當成人在給予孩子規範時，都必須維持「和善（Kindness）」且「堅定（Firmness）」的態度。

「和善」是指對孩子保持溫和、友善的態度，能避免所有傷害孩子歸屬感與價值感的言語和行為；「堅定」是指對規範保有堅持、穩定的態度，以免因為對孩子過於和善，結果做出錯誤的妥協，變得沒有原則、沒有規範。

過於堅定，會變得沒有人情味，硬繃繃像石頭，讓孩子覺得沒有歸屬感；過於和善，又會變得沒有原則，讓孩子為所欲為，反而使他沒有安全感。所以和善且堅定的結合，是成人教養最理想的態度。

成人對孩子錯誤的方式，造就了孩子的種種問題。當我們開始以正確的方式回應孩子，問題就開始解決了。講到這裡，我們已經掌握到正確教養方式的心法。至於具體做法為何，讓我們繼續看下去。

02

尋求過度關注的孩子

尋求過度關注的孩子，顧名思義就是會做些事來引起大人注意，或在大人忙碌時要求他們幫忙，藉此獲得大人的關注。

孩子是敏銳的觀察者，卻是糟糕的解讀者，他誤以為若大人忙碌時還能回應他，就代表他是一個值得被在乎、有價值的人。

這種行為常讓大人因為要不斷回應孩子而感到厭煩；大人如果不回應而引起孩子哭鬧，則會感到愧疚。若問題沒有改善，到了小學以後，孩子可能會持續在團體裡有這些行為，像是在老師授課時忍不住插話，或是在班上常做一些引人注意、不遵守規範的行為。

但我們需要了解，孩子這種行為大多是無意識的；他並不是故意想要惹惱我們或破壞環境的秩序，只是因為內心歸屬感與價值感不足而感到不舒服，所以潛意識想讓自己做些什麼，好讓心裡快樂一點。無奈孩子所想到的經常是會惹惱大人的事。其實，他們只是想要感受到被愛而已。

當我們用指責、打罵、命令、處罰、威脅等方式來應對時，只會令孩子更覺得自己不被在乎、沒有價值，不會給予他任何正向能量來改善行為。

以下這些做法不但能削弱孩子尋求過度關注的行為，更能增長他的歸屬感與價值感。

1. 愛的說話公式

親子教養專家陳子蘭老師[12]常提醒家長：「愛夠，孩子才會有良知。」愛，要從說話開始。常感受到父母愛的孩子，他的內心是滿足的；愛不夠的孩子，會因為心理需求不滿足，做出引起注意的行為。

子蘭老師認為，我們每天都在與孩子互動的話語中，表達自己對孩子的愛。但是，我們的愛都給對了嗎？例如我們常跟孩子說：「媽媽／爸爸愛你。」那麼爸媽和孩子之間，誰是「愛的生產者」，誰是「愛的消費者」呢？

當父母說：「孩子你好乖、好聽話，媽媽／爸爸好愛你。」時，父母是愛的消費者，孩子是愛的生產者。反之，孩子吵鬧、生氣、無理取鬧時，我們仍然愛他、包容他，此時父母才是愛的生產者。

「愛的生產者」會令對方感受到被愛，常使用的是「正向的語言」，例如肯定句、關懷句、禮貌句和詢問句。

「愛的消費者」會令對方感受到不被愛，常使用的是「負向的語言」，例如否定句、責備句、質問句、命令句和威脅句。

舉例來說，孩子在吃飯時說：「媽媽，我不想吃了。」

12 陳子蘭老師是資深親子教養專家，師承有「台灣地下教育部長」之稱的王國和教授。

「負向的語言」會是：

否定句：「不行，不可以不想吃。」

質問句：「你知不知道你已經吃很久了？為什麼大家都吃完了，你還在吃？」

責備句：「你就是一直在講話才吃不下。」

命令句：「請你把碗裡所有食物全部吃完，才可以離開桌子。」

威脅句：「如果十分鐘之內還沒吃完，等一下你就不可以玩玩具。」

「正向的語言」則是：

關懷句：「你吃飽了嗎？」

詢問句：「要再吃一點嗎？」

肯定句：「嗯……如果不想吃了，就下去好好玩吧！」

禮貌句：「好，如果真的吃不下了，請幫忙把餐具收拾到廚房去哦！然後你就可以去做其他事情了。」

正向的語言，說出來的感覺是不是很不一樣呢？所以子蘭老師多年來經常提醒家長：「『話』說對了，孩子的行為就好了！」「『話』說對了，父母的愛就在了！」

若想要每天讓孩子感受到我們的愛，首先要記住「愛的說話公式」。

2. 引導到有意義的行為

當孩子出現尋求過度關注的行為時，我們可以引導他去做一些有意義的事，並透過這些事給予孩子肯定與鼓勵，讓他感覺自己有歸屬感與價值感。

對於零到六歲孩子來講，最有意義的莫過於教導他們從事日常生活練習（Practical Life Exercises），包括照顧自己（Care of a Person）、照顧環境（Care of the Environment）的活動。這不但是蒙特梭利教育強調的重點，更是幫助零到六歲孩子發展自信、獨立、歸屬感與價值感的關鍵。一個獨立的孩子會相信自己有能力；而獨立的培養，有賴於家長願意給予孩子自由、允許孩子在環境中學習照顧自己、照顧環境。

玩具無法取代父母的陪伴

很多父母有一個錯誤觀念，就是認為要讓孩子有事做，最好的方式是給他們玩玩具，所以從小就買很多玩具給孩子。但我們發現，零到三歲的孩子普遍是不喜歡玩玩具的，他們對日常生活裡各種真實物品的興趣（尤其是可以動手操作的），遠多於大人買給他們的玩具。因為真實物品能回應孩子探索環境、適應環境的內在發展需求，而玩具不能。

所以，我一再提醒家長：「玩具只能滿足孩子短暫的欲望，真實生活才能豐富孩子的心智。」多讓孩子與大人一起從事日常生活練習，並適時給他鼓勵，是培養孩子歸屬感與價值感絕佳的方式。

家長不要認為孩子年紀還太小，就什麼都不能做，什麼都不給他嘗試。當我們把孩子看得很渺小，他就會覺得自己很無能、沒有價值。當我們認為孩子有無限可能，家裡很多事情都願意讓他參與，並且依據他能力與成熟度調整工作的難易度，讓他在過程中得到滿足感與成就感，他就會感覺自己很有價值。

在撰寫本書時，我會把部分內容上傳到臉書粉絲專頁，做為給讀者先睹為快的「新書劇透」。上面這段文字發布之後，許多讀者紛紛給予回饋與認同，回應說自己的孩子確實喜歡參與真實生活的各種家務（如切菜、打蛋、洗碗、放貓飼料、洗衣服、摺衣服等），並且從中找到屬於自己的成就感。所以由衷建議各位父母，寧可辛苦前三年，也不要勞累一輩子。

3. 與孩子進行感受深刻的對話

有些教養書會教導父母，若當下我們在忙，而孩子又要找我們，可以先跟孩子說：「媽媽／爸爸很關心你，但現在有點忙，我等一下就來找你。」然而，根據許多家長的經驗，這樣說似乎無效，孩子只會繼續糾纏。

為什麼呢？因為**孩子要的是「歸屬感」而不是「聽道理」**。上面的對話只是在道理上向孩子說明，但無法讓他感受到自己「被愛」與「被在乎」。他的內在需求沒有被滿足，自然就會繼續跟我們糾纏。我們可以嘗試用「感受深刻的對話」來跟孩子互動，讓他與內在渴望連結。

記得有一次我在錄影時，兒子在旁邊想要跟我說話，就開始不斷的喊：「把鼻、把鼻、把鼻！」下面讓我們來看看採取兩種不同的應對方式，會有什麼不同的結果。

例子一

兒子：「把鼻、把鼻、把鼻！」

爸爸止住兒子的打擾：「羽辰，請你等我一下，爸爸在跟叔叔講話……。」

兒子停了一下，然後繼續叫：「把鼻、把鼻、把鼻、把鼻！」

爸爸覺得有點煩，看著兒子，嘗試以「和善且堅定」的態度說：「羽辰，請你等我一下好嗎？因為我正在跟叔叔講話。」

兒子：「……。」

（爸爸繼續跟叔叔說話）

過一陣子後，兒子又開始叫：「把鼻、把鼻、把鼻！」

這時爸爸的厭煩轉為憤怒，對兒子生氣：「你到底怎麼了？你沒聽到我說在忙，請你等我一下嗎？你怎麼一直打擾我呢？」

兒子被爸爸罵了，不但沒得到歸屬感，還感覺很受傷，只好默默離開。但因為心裡很不舒服，所以開始在環境中做出各種引人注意、打擾的行為（尋求過度關注），讓爸爸更沒辦法專心工作。

爸爸因此感到生氣、挫敗且內疚，認為孩子是一個沒有辦法安頓自己的小孩；同時也因為剛才生氣罵兒子而自責，認為自己是不好的爸爸……。

例子二

兒子：「把鼻、把鼻、把鼻！」

爸爸止住兒子的打擾：「羽辰，請你等我一下，爸爸在跟叔叔講話……。」

兒子停了一下，然後繼續叫：「把鼻、把鼻、把鼻！」

爸爸覺察到自己有點煩，也覺察到孩子或許是因為被忽略了，想要引起大人關注。於是，爸爸停下來回應孩子，跟孩子展開簡短對話。

爸爸用和善的態度看著兒子，然後說：「羽辰（停頓）[13]，你想要找爸爸，是嗎？[14]」

兒子看到爸爸回應自己了，說：「是。」

爸爸繼續看著兒子，刻意把話放慢一點、感受多一點，笑著跟孩子說：「羽辰，你想要找爸爸，做什麼啊？」

此時，兒子已感受到爸爸的回應，感受到自己被在乎，心裡已然滿足。所以跟爸爸說：「呃……想要抱抱。」

爸爸繼續看著兒子，刻意把話放慢一點、感受多一點，邊笑著、邊點頭跟孩子說：「哦，羽辰，你想要爸爸抱抱，是嗎？」

孩子很確定的說：「是。」

於是，爸爸溫柔的抱抱兒子：「羽辰，爸爸愛你哦。但爸爸正在跟叔叔工作，我可以相信你能自己先玩一下，不打擾爸爸嗎？」

被滿足的兒子，此時說：「可以。」

然後，兒子快樂的在旁邊繼續做自己的事，不再刻意尋求爸爸的關注。爸爸感到欣喜、安慰又滿足，認為孩子是一個可以安頓自己的小孩；同時也很欣賞自己剛才與兒子對話的表現，認為自己是個好爸爸。

13 此處的停頓，目的是為孩子帶來覺知，不但幫助孩子與內在連結，也能幫助連結對話的彼此。

14 我習慣用「疑問句」來回應孩子的要求，因為藉由反問孩子，能讓孩子貼近自己內心，提起他的覺知。仔細讀你將會發現，本段對話用了許多疑問句。

所以，我在例子二中究竟做了什麼，創造彼此感受深刻的對話？歸納起來有六個重點，如下：

(1) **當下**：在當下我願意放下手邊工作，先把焦點放在孩子身上。

(2) **停頓**：呼喚孩子名字後稍作停頓；停頓帶來覺知，幫助彼此連結。

(3) **反問**：藉由疑問句，讓孩子更貼近自己的內心。

(4) **緩慢**：停頓多一點、把話放慢一點、感受多一點，讓孩子在對話裡體驗到「自己被在乎」。

(5) **擁抱**：身體語言，讓孩子感受到「被愛」、「被接納」。

(6) **相信**：對話最後的「我可以相信你嗎」，可以讓孩子覺得自己被信任，是有價值的人。

當孩子內在的渴望被連結，就有能力修正自己的不當行為。以上這段對話，因為大人的應對模式改變了，所以孩子的感受不一樣，行為也跟著改變。

大部分家長與孩子的對話無效，通常是因為只把焦點放在「道理」上。光是跟孩子講道理，試問他怎麼會有好的感受呢？「被愛」、「被接納」是渴望的層次，需要被體驗；但講道理只流於觀點的層次，若給予孩子的感受不深刻，就不會對他有影響。

一位教育前輩曾分享過讓我覺得很有道理的一番話：「我們無法改變孩子，我們只能『愛』孩子。但因為孩子感受到『愛』，所以他願意改變自己。」

4. 與孩子擁有「特別時光」

安排每天與孩子共渡的「特別時光」，會讓孩子覺得自己被在乎、被關愛。我跟孩子的「特別時光」是在每天傍晚下班回家、吃完晚餐後，跟兒子有大概半小時到一小時的「共玩」時光。

兒子四歲半前，我們會一起玩樂高積木；四歲半到五歲半時，我陪兒子玩戰鬥陀螺；五歲半後則是玩象棋或其他桌遊。到了就寢前，我會為兒子講他自己選的睡前故事，並跟他一起進行睡前儀式：關燈、開音樂、蓋被子，然後對他說：「爸爸愛你哦！」有時我講完故事如果太累，關燈後會在兒子旁邊跟他一起睡覺。

我每天都很享受這段與孩子一起的特別時光，因為我知道隨著孩子慢慢長大，進入國小、國中後，父母在孩子生命裡的時間就會愈來愈少，他將會有自己的人生要創造，有自己的天空要展翅高飛，如同詩人紀伯倫（Khalil Gibran）曾說過，父母好比是弓，而孩子是從弦上射出去的生命之箭，一旦發射就不會再回來。這是生命的必然歷程，也是每個人都會經驗到的事實。所以，我很珍惜每天跟孩子在一起的時間。

5. 建立「每日作息表」

幫助孩子建立家庭的「每日作息表」，可以讓他在有規律的環境下生活，知道什麼時候該做什麼事，不用事事都要大人口頭提醒，並且會覺得自己是有能力的。有需要時，我們只要跟孩子說：「孩子啊，請你看看每日作息表，現在要做什麼事了呢？」他就會知道。

制定「每日作息表」的過程中，建議父母邀請孩子一起參與。因為如果孩子有參與討論，他會更清楚作息表的內容，也更有意願遵守。如果孩子還看不懂文字，我們可以用圖像來代表要做的事。這張圖片是我朋友貴子老師在孩子宥將（「將」為日本語，意思是「小小孩」）三歲半時，與他一起制定的每日作息表。

在跟孩子討論如何制定「每日作息表」時，請注意要使用「啟發式問句」來代替「命令語」（詳細說明請見第一〇九頁）。

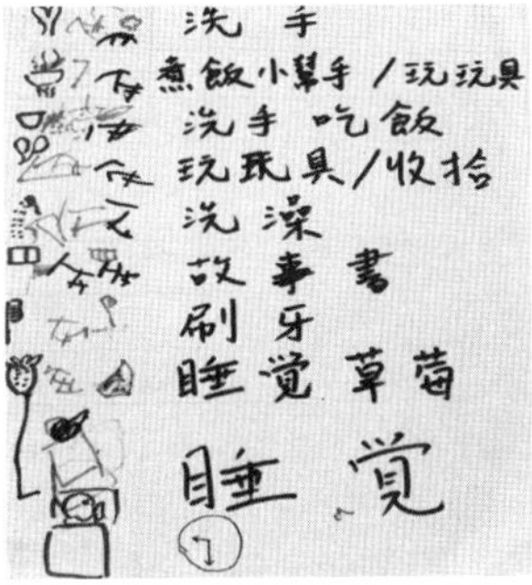

三歲半孩子制定的每日作息表

制定「每日作息表」討論範例

媽媽：「孩子啊，我們下課回到家裡要先做什麼啊？」

孩子：「玩玩具。」

媽媽：「嗯……但是我們從外面回來，手上有很多細菌跟病毒耶，你想要把細菌跟病毒都帶到家裡嗎？」

孩子：「不想！」

媽媽：「那你覺得我們應該要先做什麼事呢？」

孩子：「先洗手！」（覺得自己很厲害）

媽媽：「嗯，我也覺得很好哦，讓我們把它寫下來，好嗎？」

孩子：「好！」（此時感覺很有興趣及參與感）

（親子開始一起記錄）

媽媽：「接下來呢？洗完手我們要做什麼？」

孩子：「要玩玩具。」

媽媽：「嗯……但是如果我們洗完手就開始玩玩具了，會出現一個問題，就是晚上會沒有晚餐吃耶……你覺得我們要怎麼辦？」

孩子：「……。」（思考中）

媽媽：「不然我們先一起來做晚餐，好不好？」

孩子：「好！」

媽媽：「那你可以當我的煮飯小幫手嗎？」

（孩子聽到能當「小幫手」，覺得自己很有能力，欣然答應）

媽媽：「好，那我把它寫下來哦……。」（同時請孩子在文字旁邊畫圖，讓他更有參與感）
媽媽：「那當完煮飯小幫手之後，你覺得接下來可以做什麼呢？」
（兩人愉快討論著）

在這對話裡，孩子覺得跟媽媽有連結，也覺得自己有能力，增進了他的歸屬感與價值感，更有意願遵守一起制定的作息表。而媽媽也對孩子教養愈來愈明確，心裡感到篤定、安穩與欣慰。

6. 培養孩子「解決問題的能力」

只要擁有這能力，孩子就不用事事都要找大人幫忙了！這是父母都希望孩子養成的能力。那麼要如何培養呢？以零到六歲孩子發展來看，還是要讓孩子從小在日常生活裡，透過練習「照顧自己」與「照顧環境」來培養。例如：

・倒水給自己喝，要思考：怎麼倒水才不會倒出來？要用多少力道？水壺要如何控制？濺到桌上的水，可以怎麼把它擦乾淨？

・穿衣服時，要思考：怎麼扣扣子？怎麼紮衣服？

・穿鞋子時，要思考：怎麼穿鞋子才不會穿反？要怎麼綁鞋帶？

・外套脫下來之後，要思考：怎麼把外套用衣架掛起來？衣服要怎麼摺好放到櫃子裡？

・幫媽媽洗衣服時，要思考：怎麼把汙垢洗乾淨？怎麼把洗好的衣服晾乾？

在每天的生活裡，讓孩子思考與練習如何把各種事情做好，就是培養他懂得解決問題的關鍵。尤其零到六歲的孩子有動作發展需求、適應環境的需求，並且有工作、重複練習、修正錯誤、自求完美的人類傾向。這些內在潛力都能幫助孩子發展出適應環境、解決問題的能力。

同時要提醒父母，對於年紀較小、抽象思考能力仍未成熟的孩子（約六歲前），要著重給予具體的示範，而不是口語上的引導；對於年紀比較大的孩子，則要透過「啟發式問句」來引導他思考，而不是「命令語」要求他服從，或是直接給「答案」而讓孩子失去思考的機會。

在薩提爾的對話裡，強調對話時「不給答案」、「不命令」、「不指導」，原因就是如此。**給予過多命令與答案，不但會減損孩子的歸屬感與價值感，還會養成他「不願意思考」、「不想解決問題」的被動個性。**

一個懂得思考、懂得解決問題的孩子，人格是正向且有自信的。所以，美國教育家約翰．杜威（John Dewey）強調：「教育，即生活。」因為脫離真實生活，沒有真正教育可言。所以在孩子的成長過程中，大人不該剝奪他想為自己做事、想探索環境的意願與權利。

很遺憾的是，我發現許多孩子到了國小，還沒有養成解決問題的能力，凡事都習慣說「我不會」、「我不知道」。這些孩子大多是因為在零到六歲時有以下情況：

- 被大人過度照顧與保護，穿衣吃飯樣樣大人伺候。
- 跟生活有關的所有事都由大人打點，沒機會參與家務。

．在家裡是最小的孩子，要做什麼事都由其他人負責，變得好逸惡勞。
．身邊有著控制欲很強的成人，很少有選擇、思考的空間。

由此可知，我們對待孩子除了要有正確態度外，更要了解孩子的內在發展需求、好好去回應，才能培養出孩子「解決問題的能力」。

7. 避免給予孩子「特殊照顧」

當我們忙碌的時候，應該重視自己正在做的事、關愛自己的需求，不要處處「犧牲」自己來回應孩子，同時，要對孩子有信心，相信他能安頓自己的情緒，不需要我們處處去拯救。而且犧牲自己來愛別人，最終只會掏空自己的生命能量，並不是愛別人的好方式。

說到這裡，我想特別與讀者分享薩提爾女士的詩〈如果你愛我〉，或許它能帶給你一些啟示。

〈如果你愛我〉

請你愛我之前先愛你自己
愛我的同時也愛著你自己

你若不愛你自己
你便無法來愛我
這是愛的法則
因為
你不可能給出
你沒有的東西
你的愛
只能經由你而流向我
若你是乾涸的

我便不能被你滋養
若因滋養我而乾涸你
本質上無法成立

因為
剝削你並不能讓我得到滋養
把你碗裡的飯倒進我的碗裡
看著你拿著空碗去乞討
並不能讓我受到滋養
犧牲你自己來滿足我的需要
那並不能讓我幸福快樂
那就像
你給我戴上王冠
卻將它嵌進我的肉裡

疼痛我的靈魂
宣稱自我犧牲是偉大的
那是一個古老的謊言

你貶低自己
並不能使我高貴
我只能從你那裡學到「我不值得」

自我犧牲裡沒有滋養
有的是期待、壓力和負擔
若我沒有符合你的期望
我從你那裡拿來的
便不再是營養
而是毒藥

它製造了內疚、怨恨
甚至仇恨

我願你的愛像陽光
我感受到溫暖、自在、豐盛喜悅
請愛你自己吧
在愛他人之前先愛自己

愛自己不是自私
犧牲自己並不是愛的表達方式
愛的源頭就在那裡
除非你讓自己成為管道
不然愛不能經由你而流向我

你若連接
愛會滋養你我雙方
你若斷開連接
愛便不能經由你而流向我
你的愛便不是真愛
而是自我犧牲
那不是我想要的

愛自己，是生命的法則
除非愛自己
你不可能滋養到別人
我願意看到充滿愛和滋養的你
而不是自我犧牲的你

因為，我也愛你
我愛你
必先愛我自己
否則，我無法愛你
而你，亦當如此
生命的本質是生生不息的流動
生命如此
愛如此
請藉此機會好好愛自己

在《P.E.T. 父母效能訓練》（*Parent Effectiveness Training*）一書裡，作者湯馬斯·高登（Thomas Gordon）強調，**孩子的情緒是屬於他自己的，父母不需要擁有孩子的情緒。能夠抱持這種觀念，我們的內心才會比較安頓，不被孩子情緒影響。**而當父母是安穩的，就能給孩子更好的應對，孩子也比較容易穩定。

8. 忽略當下行為，給予孩子擁抱

當孩子重複做出尋求關注的事情時，我們可以忽略他的當下行為，直接給他一個溫暖的擁抱，用手從上而下輕撫他的背部，並在愛的感受裡多一些停頓，少一些說理。

父母透過身體語言來傳達愛與接納，讓孩子感覺到自己是被在乎的、被關愛的，通常能削弱其當下持續的行為。

03

與大人權力鬥爭的孩子

「不要！不要！」孩子開始跟我們爭奪權力，通常是進入了一歲半到三歲「自我認同危機期（Crisis of Self-Affirmation）」，也就是俗稱的「叛逆期」。對於這個階段，東方文化有「三歲小孩，貓狗都嫌」的俗諺，西方文化也有Terrible Two; Horrible Three的說法。大人會覺得這是孩子想用情緒來控制整個世界的階段，而且怎麼講都講不聽，非常難搞。

「發展危機（Developmental Crisis）」理論是由美國心理學家艾瑞克森（E.H. Erikson）所提出，以人類適應環境與社會的觀點來探討人格發展歷程。

從字面來看，「危機」這個詞彙同時有「危險」和「轉機」的雙重涵義，正所謂危機就是轉機，所以它不一定代表負面的結果，而是一個可以改變的機會。「發展危機」是指在兩個發展階段之間的轉折點，而轉折過程的好壞，將會影響到接下來的發展階段。

「自我認同危機期」即是孩子從前幼兒期（零到三歲）到後幼兒期（三到六歲）的轉折時期。**這階段的孩子，在心理上會開始了解自己是獨立的個體，而不是主要照顧者的一部分。他會開始想確認「自我」的存在與價值，並且尋求自我認同。於是，當他想做一些事卻被大人阻止時，就會出現強烈的反抗行為。在日常生活上，他也開始會經常有意識或無意識的對大人說「不要」，以此來展現自己與成人的切割。**

我兒子也不例外，他兩歲時每天都會說一大堆「不要」的話，包括：

「不要下樓」：早上媽媽弄好早餐，爸爸在二樓要帶他下樓時。

「不要叫把鼻」：爸爸下班回來，媽媽請他叫把鼻的時候。

「不要吃飯了」：當媽媽說「吃飯了」，但他還想繼續玩的時候。

「不要睡覺/睡飽了」：當他晚上不想睡覺時。

「不要 hold on，不要 wait」：當爸爸請他等一下時。

「不要……」：當大人請他做該做的事情時。

說「不要」之後，如果又被爸爸媽媽提醒，他還會示威說著：「一直叫！」「一直哭！」

當孩子到了三歲，開始說出「我」這個字的時候，代表他的自我統整過程已經完成，而自我認同危機期要接近尾聲了。這時候，孩子的權力鬥爭行為就會漸漸緩和下來。

若孩子四歲之後還是持續出現許多權力鬥爭的表現，通常表示環境裡大人所使用的教養方式，無法讓他感受到歸屬感與價值感，所以他仍會出現爭奪權力的偏差行為。這時大人如果能檢視自己，修正不妥當的教養方式，情況就會慢慢改善。

權力鬥爭行為的注意事項與應對

在孩子進入「自我認同危機期」時，我們要注意五點。

第一，當孩子開始跟我們說「不要」時，正是他生命發展進入建構自我的重要階段，不要以為孩子是「愈大愈不聽話」，更不要有「現在就講不聽，以後怎麼辦」的錯誤想法，也別以對立、處罰或責備的方式回應他。

第二，我們必須了解這是生命演化的必然過程，好比小孩要懂得走路以前，必須先經過爬行階段；如果被限制了爬行，就算他以後學會走路，在生理發展上也會受到影響，例如身體平衡感不好、四肢協調性不足、走路容易撞到，甚至語言發展也會有問題。同樣，在孩子建立自我認同概念時，如果不斷被大人用對立的方式打壓，他長大後的心理發展也可能受到影響，出現沒自信、懦弱、自暴自棄、情緒化、叛逆等問題。

第三，「自由」乃是人類共有的內在渴求，沒有一個孩子天生喜歡被規範，他會反抗是理所當然的事。但自由不能沒有紀律，沒有規範的自由並非真自由，而是「放縱」。所以在孩子成長的過程裡，我們應該給予他「有限制的自由（Freedom with Limits）」，而不是無法無天的自由。

第四，一歲半到三歲也是孩子開始探索環境規範、挑戰規範的時期；我在本書第一部分有說明過，孩子有「探索、適應、挑戰、征服」環境的人類傾向，他也需要經過探索規範，才會適應規範，最終融入規範。因此，當孩子挑戰規範時，我們要知道他正朝最終會達到自律的過程邁進，只要家長的應對方式正確，其發展就不會背道而馳。

第五，透過打罵、處罰、威脅、命令等方式讓孩子服從，縱然能有立即效果，也不會有長期效果，而且還會影響孩子的正向人格發展。所以，我們都應該學習更好的教養方式，並落實在生活裡，每天練習、練習、再練習。

下面我要分享各種應對「權力鬥爭」的原則與方法。

1. 提醒兩次無效，就不要再提醒

大人常因為只有一味提醒孩子，沒使用更好的方式，結果愈提醒愈火大，最後就罵下去。首先請記得這句話：「提醒兩次無效，就不要再提醒。」改用其他更有效的方法，如下面所述。

2. 不對立，也不放棄

「你再這樣我就生氣囉！」「我數到三！你再這樣我就要修理你囉！」如果你習慣講這種話，請從今天開始把它戒掉吧！因為家長**真的不是一定要生氣，孩子才會乖**。這些或許是你原生家庭大人習慣的教導方式，但我們已經開始學習更好的方法了，可以把這些舊有觀念輕輕放下。

每天早晚提醒自己：「我願意用更正向的教養方式來對待孩子。即使有時候可能會失敗，我也願意欣賞想要變得更好的自己。」

常以這番話來勉勵自己，就慢慢會懂得接納自己的失敗，欣賞自己的努力，漸漸就會成為有更多愛與接納的大人。

3. 彼此尊重

我們要尊重孩子，因為我們正在為他示範，當別人與自己意見不同時，我們可以怎麼尊重對方，以及用什麼方式來應對。

4. 避免衝突，適時離開

有經驗的家長都很了解，有時在教養過程中難免會「情不自禁」、「不能自已」的生氣。為了避免傷害孩子，我們需要隨時覺察自己的情緒，並在感覺開始生氣時先離開現場，避免做出傷害孩子的行為。不要再誤以為用憤怒的方式逼迫孩子就範，就是最好的教養方式。而要做到這點，我們必須在環境裡設置「積極暫停區」。

5. 設置積極暫停區

「積極暫停區」是當孩子或大人有情緒時，可以到那裡休息，並讓內心恢復平靜的地方。請注意，它不是一個「孩子不乖就罰他在那裡坐著」或「孩子不聽話就叫他在那邊反省」的地方！若用這種觀念來看待「積極暫停區」，那麼再有理念的精巧方式，也會淪為沒有理念的處罰手段！

在家裡，我有屬於自己的「積極暫停區」，就是在二樓主臥室床前面的藤椅。每當我生氣的時候，都會走到二樓去讓自己「積極暫停」，給自己一個空間消化情緒；等到平復後，再去跟孩子討論。

我兒子也有自己的「積極暫停區」，在他四歲半以前，是在家裡二樓的佛堂。那裡是個氛圍寧靜而和諧的空間，每當他生氣或傷心時，媽媽就會邀請他到樓上去。習慣以後，有時他感到生氣或傷心也會自己上去。

為什麼孩子願意到積極暫停區呢？因為他了解那裡不是處罰他的地方，而是讓他心情變好的地方。佛堂裡有一些簡單的法器，兒子小時候曾接觸過，我有示範給他看怎麼使用。而他兩歲到四歲喜愛的一個活動，就是在吃早餐前和吃完早餐後去敲法器唱佛歌，唱到一半還會說自己唱得很好聽。

後來我們發現，每當兒子生氣或傷心時，就會自己走去佛堂，一邊敲法器一邊唱歌來舒緩自己的情緒。大概唱個十五分鐘後，他就會自己走下來跟我們說「我沒有傷心了」或「我已經生氣完了」，而我們就會跟他抱抱。有時過了十五分鐘發現他還沒有下來，我們就會上去看看。通常會看到他坐在墊子上看故事書，而心情已然平復。

四歲過後，兒子漸漸沒有敲法器唱歌了，而是在生氣或傷心時到「積極暫停區」休息。牆壁上掛著一個音樂小熊，他會拉小熊身上的小繩，讓它不斷重複播放療癒的音樂，然後自己看故事書。

因此，我會建議家長可以在「積極暫停區」擺一些能讓孩子心情變好的東西，例如音樂盒、故事書或泰迪熊等。有些家長聽了可能會說：「孩子生氣還要讓他坐在一個地方聽音樂放鬆？他不是應該要坐著好好反省嗎？」我再提醒一次，**「積極暫停區」並不是處罰孩子的地方，而是一個讓孩子與大人有情緒時可以冷靜自己的**

安全區域。大人就算要跟孩子討論，也要等到他情緒穩定後才進行。所以當一個人在「積極暫停區」時，其他人應該要尊重他、不打擾他。

請記得，**孩子會吸收我們所做的成為自己。當我們有情緒時，孩子也會跟著有情緒。所以，我們必須懂得如何調節情緒，才能給孩子更好的情緒教育。**首先，就從在家裡設置「積極暫停區」開始吧。步驟如下：

(1) 找一個燈光美、氣氛佳的時間，向孩子說明。

(2) 開場引言：「孩子啊，有時候我們會生氣，對不對？在生氣的時候，我們需要時間冷靜，心情才會恢復。」

(3) 切入主題：「我們也需要有一個舒服的地方，讓我們在那邊冷靜。所以，讓我們在家裡做一個你和我的『積極暫停區』。」

(4) 解釋功能：「這不是一個處罰的地方，而是能幫助我們冷靜下來、讓心情恢復的地方。」

(5) 說明目的：「我們因為很愛對方，不希望自己生氣會傷害到別人，所以才會到『積極暫停區』休息。」

(6)補充細節：「如果有人在『積極暫停區』冷靜的時候，我們都不可以過去打擾他。」

(7)接著告訴孩子，你自己的「積極暫停區」在哪裡，那邊放了些什麼；如果你生氣時，會在那裡做什麼。

(8)以有限制的選擇問孩子：「你喜歡把你的『積極暫停區』放在自己房間還是客廳？」

(9)討論孩子喜歡的東西：「你喜歡在那裡放什麼東西，是能幫助你冷靜的？」

(10)陪孩子發想能做的事：「當你不高興的時候，可以在這地方做什麼，讓感覺好一點呢？」

(11)最後，與孩子一起命名：「叫『積極暫停區』好像怪怪的，要不要取一個你喜歡的名字？」

這樣，彼此的「積極暫停區」就設置好了。

6. 有限制的選擇（相同結果但選擇不同）

兩歲常說「不要不要」的孩子，如果覺得自己有選擇權時，會因此有滿足感，比較願意配合大人，我們要善用這點。

舉例來說，某天晚上吃飯時間到了，我和兩歲左右的兒子在二樓，我說：「羽辰，我們要下樓囉。」他說：「不——要。」我說：「可是我們要吃飯了耶？」他說：「不——要吃飯。」我想了一下，以有限制的選擇問：「羽辰啊，那你想要自己下樓，還是爸爸帶你下樓？」他想了想，說：「呃……爸鼻帶。」於是我就牽著他下樓。

另一天的早餐時間，媽媽已做好早餐，我跟兒子在二樓，我一樣說：「羽辰，我們要下樓囉。」他說：「不——要下樓！」我沒有在言語上跟他對立，並觀察到他正在玩一個玩具，所以不想下樓，於是問：「羽辰啊，你在玩玩具，是嗎？」當時他還不會說「是」，所以回：「有！」

我再問：「那你想要把玩具帶下去嗎？」他點頭說：「要！」我順勢說：「好，

我們拿著玩具下去吧！」於是，他一手拿著玩具，一手就這樣被我牽著下樓。

7. 孩子不選，我們替他選

在上面的例子中，我們給予孩子有限制的選擇。但如果孩子都不選，或者有些事情無法讓孩子選[15]，就由我們替孩子選。家長決定自己要做的事，不妨直接透過行動引導，以和善且堅定的態度邀請孩子做。

我的好友「大樹老師」趙崇甫，他是AMI國際蒙特梭利協會認證的零到三歲導師，在他的書《育兒顧問到你家：與孩子和好的幸福》裡，曾分享以前在幼兒園裡跟孩子「周旋」的經驗，真實且有教育意義。經過大樹老師同意，我節錄其中一段溫馨故事分享於此：

兩歲多孩子的洗手挑戰

我：「我們去洗手！」

孩子：「不要！」

我：「那你要自己去？還是我陪你去？」（有限制的選擇）

孩子：「自己！」

我：「好，你自己去！」

一週後……

我：「我們去洗手！」

孩子：「不要！」

我：「那你要自己去？還是我陪你去？」（有限制的選擇）

孩子：「不要！」

15 跟安全與衛生有關等議題，就無法讓孩子選，例如過馬路要牽手、吃飯前要洗手、坐車要扣安全帶等。

我：「你想一下，沒有不要哦！」（和善且堅定的限制）

孩子：「你陪我去！」

又一週後……

我：「我們去洗手！」

孩子：「不要！」

我：「那你要自己去？還是我陪你去？」（有限制的選擇）

孩子：「不要！」

我：「你想一下，沒有不要哦！」（和善且堅定的限制）

孩子：「不要！」

我：「你不選，那我要幫你選了！」（他不選我們替他選）

孩子：「不要！」

我：「來，我陪你去。」

抱孩子去洗，孩子大哭或生氣，處理孩子的情緒。

又一週後……

我：「我們去洗手！」

孩子：「不要！」

我：「那你要自己去？還是我陪你去？」（有限制的選擇）

孩子：「不要！」

我：「你想一下，沒有不要哦！」（和善且堅定的限制）

孩子：「不要！」

我：「你不選，那我要幫你選了！」（他不選我們替他選）

孩子：「不要！」

我：「我陪你去！」

孩子跑走，我留在原地等孩子回來。

過了一會兒，孩子回來了。

我：「你要變成小蝸牛去洗手，還是變成小兔子去洗手？」（有限制的選擇）

孩子：「小兔子！」

孩子自己手放頭上做兔子狀，跳、跳、跳去洗手。

我……。

8. 以「每日作息表」提醒孩子

在什麼時間該做什麼事，其實把「每日作息表」制定出來以後，就可以很清楚、很具體的讓孩子知道。這時候，請記得要以「啟發式問句」來代替「命令語」（詳細說明請見第二一六頁和第一〇九頁）。

9. 邀請孩子幫忙，用可以代替不可以

「不可以在這裡打球！」「不可以把電視調得這麼大聲！」「不可以在這裡跑！」經常什麼都被大人說「不可以」的孩子，會感覺價值感與歸屬感低落，容易引起「愈不可以愈故意」的權力鬥爭行為。而且，若孩子太常聽到「不可以」的時

候，其實他會不知道自己「可以」做什麼。

所以，當我們用「可以」代替「不可以」，就能給予孩子正向且明確的引導。以「邀請孩子幫忙」來代替命令，也會讓孩子感覺自己有價值。

「不可以在這裡打球！」不妨改為：「孩子啊！我需要你幫忙，好嗎？」孩子問：「什麼事？」家長說：「你可以玩其他的東西嗎？在室內打球太危險了！」孩子說：「哦！」於是他改玩積木。

「不可以把電視調得這麼大聲！」可改為：「孩子啊！我需要你的幫忙，可以嗎？」孩子問：「什麼事？」家長說：「電視太大聲，打擾到我們講話了！你可以把它調小聲一點。」孩子說：「好！」然後他就把電視機聲音調小。

「不可以在這裡跑！」則改為：「孩子啊！我需要請你幫忙！」孩子問：「什麼事？」家長說：「你在這邊跑太危險了！很容易撞到人！你可以坐下來做別的事情嗎？」孩子說：「哦！」隨後就坐下畫畫。

這種「可以」的說法，是不是比「不可以」來得更正向、更具體？

10. 兩個選擇，讓孩子從結果學習

這是我第一本書也有介紹的做法，藉由給孩子「兩個選擇」，讓他經驗選擇後的結果。孩子透過經驗結果，會學習到下次如何做出正確選擇。「兩個選擇」這方法也與阿德勒正向教養中的「邏輯後果」相似。

簡單來講，**兩個選擇是讓孩子知道：「正確的選擇有好的結果，不正確的選擇有不好的結果。」**所謂**「不好的結果」應該具備三個條件——尊重、合理、相關**：

(1) **尊重**：不帶有羞辱的成分。例如打、罵等羞辱孩子的行為。

(2) **合理**：不超過孩子對這事件該負的責任。以沒寫作業為例，合理的後果是「補寫」，不合理的後果則是「罰寫一百遍」。

(3) **相關**：結果與行為是有關聯性的，如果結果不相關，其實就是威脅與處罰，譬如沒有把水喝完，等一下就沒得玩玩具。

同時，「兩個選擇」必須要在執行前先給孩子。家長不該沒有事先告知就直接執行結果，因為這樣與處罰無異。

來看一個例子。有個三歲孩子在餐廳一直故意叫囂，提醒了兩次都無效，我們就可以跟孩子說：**「你要選擇安靜在這邊，我們一起快樂吃午餐，還是要選擇繼續叫，沒辦法繼續在這裡？」**

這裡「不好的結果」是「沒辦法繼續在這裡」，意思是如果孩子繼續叫囂、干擾人，他就會被帶離餐廳。這樣的後果是尊重、合理、相關的。不恰當的說法如下：

「等一下被我打嘴巴！」「等一下就被我修理！」（不尊重）

「我今天都不再給你吃飯！」「以後都不帶你出來！」（不合理）

「等一下不帶你去遊樂場玩！」「晚上不能看電視！」（不相關）

若孩子還是持續叫，我們就要和善且堅定的將他帶到餐廳外面，讓他經驗選擇後的結果。而在讓孩子經驗選擇後的結果時，請留意「三不」。

第一，**不講風涼話**。「哈哈！有人好可憐哦！他現在不可以再進去了！」任何羞辱的話，都是我們對孩子「落井下石」的表現，不但降低身為大人該有的高度，也會減損孩子的歸屬感與價值感，慎之戒之。

第二，**不採取對立**。「哭什麼？誰叫你剛才一直大叫！你活該！」此時我們仍應該保持「和善且堅定」，而不是轉為指責孩子並與他對立。

第三，**不拯救孩子**。有些長輩會說：「唉唷！這樣哭哭鬧鬧的做什麼！來！我帶你進去！」有時候孩子需要經驗選擇後的結果，才懂得如何做出正確的選擇。但某些大人或許太寵愛孩子了，不忍心看到他哭鬧，而以錯誤方式來對待孩子，幫助孩子規避選擇後的結果。其實這種做法無疑是替孩子設置一個陷阱，讓他以後再掉進去。

等孩子平靜下來後，我們再跟他討論其不當行為及結果。這時可以利用「啟發式問句」與他討論剛才發生什麼事，以及他要如何才可以回到餐廳。與孩子重新約定好「在餐廳不大叫」後，再和他一起回餐廳。回餐廳之後，如果孩子有遵守約定不再叫，記得要「**給予鼓勵與感謝**」。

如何讓孩子「經驗選擇結果」？

媽媽將孩子帶出餐廳後，告訴他：「你現在沒辦法進去了。」

孩子：「不要！」

媽媽看著孩子：「你想要進去，是嗎？」（疑問句）

孩子：「是！」

媽媽：「那你想想看，在餐廳裡面應該要怎麼樣呢？」

孩子想了一下：「安靜！」

媽媽說：「我可以相信你會遵守約定嗎？」

孩子：「可以！」

媽媽說：「好的，我相信你，我們一起進去吧。」

（回到餐廳後不久，孩子沒有再叫）

媽媽：「孩子啊，媽媽發現你變安靜了，你是怎麼做到的啊？」

孩子聽到媽媽的鼓勵，臉上表露出被肯定的驚訝與喜悅，但並沒有說話。

媽媽：「謝謝你願意遵守約定！」

孩子聽到媽媽的感謝，心裡感覺到被鼓勵與感謝的滿足，笑咪咪的繼續吃麵包。

當下給予鼓勵與感謝，能讓孩子感受到自己的正確行為被看到，自己是有價值的、被在乎的。這樣也能增強他的正向行為，避免做出其他尋求過度關注、權力鬥爭，甚至是報復的行為。

很多父母應該都遇過孩子在餐廳裡一直叫吧！這故事其實也曾發生在我與兒子身上，我當時的處理方式就跟前面提到的一樣：

- 提醒兩次無效，就不要再提醒。
- 給予孩子兩個選擇。
- 孩子選擇後，讓他經驗選擇後的結果。
- 孩子經驗結果後，與他討論，重新約定。
- 適時給予鼓勵與感謝。

我在親職講座跟家長分享時，常會有人問：「老師，那如果孩子回到餐廳裡沒多久又開始發出聲音，要怎麼辦呢？」

我的回答是：「如果在整個過程裡面，我們對孩子的方式讓他感到不被尊重、不被在乎、沒有價值，那麼回到餐廳以後，他很可能就會故態復萌繼續叫，或持續出現不當行為。但如果我們的方式是尊重的、和善且堅定的，並且適時給孩子鼓勵與感謝，他就會更有意願遵守約定。」

11. 事後討論，重新跟孩子連結

在孩子經驗過選擇的結果後，家長可以再找好時機與孩子事後討論。

我在第一本書裡面稱事後討論為「秋後算帳」。這是我在台灣蒙特梭利界景仰的前輩——吳玥玢老師曾跟我說過的話：「在孩子有情緒的時候，不要急著和他講道理，『秋後算帳』就好了。」

現在回想起來，老師的這番話確實非常有智慧。事實上，**我們並不是真的要跟孩子「算帳」，而是透過以真誠、尊重與平等的討論，讓彼此更了解雙方當時的感受與想法，在討論過程中重新跟孩子連結，達到療癒效果並達成共識。**

家長在事件的同一天找個機會，例如睡前故事時間，抱持真誠、尊重與平等的態度，跟孩子討論今天的事件，完整流程如下：

(1)回溯當日事件。

(2)先同理情緒，點出孩子與自己的感受。

(3)再處理事件，引導孩子表達當時的感受、想法。

(4)與孩子討論，達成共識。

(5)以尊重對方的方式，表達自己當時的感受、想法。[16]

(6)給予孩子鼓勵與感謝。

接下來讓我們繼續以前面餐廳的例子，也就是孩子因為叫囂而被帶出餐廳後，當天晚上媽媽要跟他進行事後討論。

如何與孩子事後討論？

媽媽：「孩子啊，你記得今天下午在餐廳發生什麼事嗎？」（**回溯當日事件**）

孩子：「有。」

媽媽：「因為你在餐廳裡一直發出聲音，打擾到別人了，所以媽媽將你帶出餐廳，你那時候感覺有點傷心，是嗎？」（**說出孩子的感受**）

孩子：「是。」

媽媽：「是的，媽媽知道你那時候有點傷心，其實媽媽也有點難過。媽媽想跟你抱抱一下，好嗎？」（**說出自己的感受**）

孩子：「好。」孩子被媽媽擁抱，感到被在乎、被關愛。（**先同理情緒**）

之後，媽媽以關愛與好奇的態度問：「你可以告訴媽媽，那時候你怎麼會一直叫呢？」（**再處理事件**）

孩子想了想：「因為……很大聲。」

16 (5)可以視情況與(4)對調。

媽媽：「什麼很大聲？」

孩子：「餐廳很大聲。」

媽媽：「哦？餐廳很大聲，讓你有什麼感覺？」

孩子：「……想叫。」

媽媽：「哦！餐廳裡很大聲，讓你覺得不舒服，所以才想叫，是嗎？」

孩子：「是。」

媽媽：「哦，原來是這樣，媽媽了解了。」

孩子：「嗯。」此時感覺被理解。**（引導孩子表達當時的感受、想法）**

媽媽：「那下次如果你覺得餐廳很大聲，感覺不舒服，你可以做些什麼，讓媽媽幫助你呢？」**（與孩子討論）**

孩子想了想：「跟媽媽說。」

媽媽：「好！下次如果你覺得很大聲，讓你不舒服，可以跟媽媽說，媽媽會想辦法幫助你，好嗎？」

孩子：「好！」**（達成共識）**

媽媽：「其實今天你在餐廳一直叫的時候，媽媽覺得有點緊張，因為我擔心會打擾到其他人，他們會過來罵我們。但是我那時提醒你，你還是繼續叫，所以我才帶你到餐廳外面。」**（以尊重對方的方式，表達自己當時的感受、想法）**

媽媽：「但後來我們約定好之後，你回到餐廳就有好好控制自己，沒有再叫，對不對？」

孩子：「對。」

媽媽：「你怎麼這麼厲害，可以控制自己啊？」**（給予鼓勵）**

孩子：「……因為遵守約定。」

媽媽：「哦，那你喜歡遵守約定的自己嗎？」

孩子：「喜歡。」

媽媽：「媽媽也很喜歡遵守約定的孩子哦，謝謝你！」**（給予感謝）**

許多父母跟孩子的事後討論，常常都流於「你這樣是不對的」、「下次請記得不要再這樣」、「下次再這樣媽媽就不原諒你了」等公式化語言。但透過上面示範的對話方式，能讓孩子感受更深刻，並欣賞自己，增長內心正向能量。

「兩個選擇」常見使用問題

一般我會建議家長，對於孩子的不當行為，等到用盡所有方法他還不妥協時，才使用「兩個選擇」。在可能的情況下，盡量使用其他前述的正向教養方法。因為如果我們的情緒不安穩，很可能會給予不合理、不尊重、不相關的後果，把兩個選擇變成「威脅」；或者在孩子經驗結果時，我們採取對立或落井下石的態度……很容易把「兩個選擇」變成「偽裝的處罰」，減損孩子的歸屬感與價值感。

我曾收到一位家長來信詢問，他碰到許多人學到「兩個選擇」後，在使用時常出現的問題。特別在這裡跟大家分享，一同引以為戒。

羅老師您好：

謝謝老師常和我們分享教養的觀念和方法！我最近使用「兩個選擇」，在讓兩歲五個月大的孩子經驗後果時遇到困惑。

我很希望能溫柔且堅定的教養孩子，但不確定自己用的是「兩個選擇」還是威脅，可以請老師協助釐清嗎？

事件一：

洗好手準備睡覺時，他又去拿了氣球玩，我請他把氣球拿去放好，然後來洗手，不然他等等摸臉可能會過敏。他不但不去放好，還把氣球拿到床上，我就告訴他，如果他再不放回去，我就要戳破氣球，他就失去玩氣球的權利了，他聽了就立刻說要拿回去放好了，但是怕黑不敢去。我告訴他沒關係，我可以陪他去。

事件二：

出去玩，在回家的路上我提醒他，回到家後要洗手、換衣服準備午睡，不可以沒洗手、沒換衣服就摸東西跟上床。結果一回家，我把六個月大的二寶抱上嬰兒床時，孩子還沒洗手就爬上床了，我立刻怒斥他趕快洗手、換衣服，不然等等午睡就睡地板，而且以後不帶他出去玩了。

事件三：

孩子不自己收拾玩具，請他來收拾，他不但沒收，還繼續拿別的玩具，我跟他說，不收就要把玩具放高高沒得玩；他不收，於是就把玩具放高高了。

事件四：

和二寶一起睡午覺時，他會走來走去，發出聲音。我跟他說請他安靜躺好，不然就離開房間。他如果繼續吵鬧，我就會把他抱離房間，然後關上房門（未上鎖）。

麻煩老師了，願老師週末平安喜樂！

您好：

我是羅老師。沒錯，你把兩個選擇全部都變成「威脅」與「處罰」了！修正方式如下：

事件一：

「如果他再不放回去，我就要戳破氣球，他就失去玩氣球的權利了」，建議改成對孩子說：「氣球不放回去，我就只好替你放回去囉！」有時候當孩子不願意配合時，您可以自己決定要做什麼，但記得態度要和善且堅定的執行。

事件二：

「我立刻怒斥他趕快洗手、換衣服，不然等等午睡就睡地板，而且以後不帶他出去玩了」，在當下您可以用有引導意味的「啓發式問句」來提醒孩子：「孩子啊，你想要把你的床弄髒嗎？」「孩子啊，你知道現在要做什麼嗎？」這樣說會比命令語或直接威脅孩子好。

或者，您可以不說話，用非語言的方式提醒他，例如呼喚他的名字，當他注意您的時候，比一個「洗手」的姿勢，這樣也會比命令語、威脅語來得好。要注意的是，這年紀的孩子內在衝動比意志力強，所以常會忘記做該做的事，或者控制不住，這是很正常的。家長使用的提醒方式，要盡量保有孩子的歸屬感與價值感。

事件三：

「他不但沒收，還繼續拿別的玩具，我跟他說，不收就要把玩具放高高沒得玩」，這樣說是威脅！簡單來講，兩歲半的孩子仍沒有足夠意志力控制想繼續玩的衝動，所以建議大人陪孩子一起收拾。我之前有錄製一個影片，主題是「從蒙特梭利教養法到收納規劃，全面破解小孩不肯收玩具的難題！」提供給您參考。

事件四：

「請他安靜躺好，不然就離開房間。他如果繼續吵鬧，我就會把他抱離房間，然後關上房門（未上鎖）」，這樣也是威脅、處罰！請注意，吃飯和睡覺不宜給兩個選擇，畢竟睡不著是沒辦法用兩個選擇來讓孩子睡著的。如剛剛所說，兩歲半的孩子內在衝動仍比意志力強，也沒辦法睡不著但乖乖躺著。所以如果他會吵到弟弟，就把他帶離房間吧！或是帶他到客廳，跟他說你真的很累想休息，請他自己玩一下。確實，孩子一歲半到三歲這階段是最難熬的，在這問題上，「接納」他不睡覺，並「接納」沒辦法讓他睡覺的自己，才是主要的課題，而不是硬要強迫他睡覺。

04 報復的孩子

「我恨你！」「你走開！」「我討厭媽媽！」有時候孩子覺得挫敗時，會說出一些讓父母很難受的話。甚至會做出一些反擊或報復行為。

還記得我兒子大概五歲半的時候，某天晚上他在收拾玩具時被我罵了。當時媽媽提醒他收拾，他不但沒有接受，還不禮貌的跟媽媽頂嘴。由於我當天狀態並不好，聽到他一再對媽媽不敬，就生氣責備了他。

記得當時兒子很傷心、很生氣，匆匆收拾後就哭著走上二樓。當時我心想：「他應該是到積極暫停區舒緩情緒吧！」所以就沒有跟著上去，讓他在上面有一點自己的空間。除此之外，我的心情也尚未平復，需要沉澱自己。

大概過了二十分鐘，差不多要跟孩子一起洗澡了，於是我到樓上看看他。那時兒子心情也已經平復了，於是我就帶他去洗澡。而我們洗澡的順序，通常是兒子先洗完再換我洗。當我從浴室出來換好衣服，準備把洗澡前脫下來的手錶戴上時，突然發現它不見了。

我心想：「奇怪，我每天晚上把手錶脫下來，都是放在固定地方，它怎麼突然不見了呢？」於是我開始尋找，但怎麼找也找不著；與此同時，我感覺到兒子怪怪的，有一種避開我的感覺……。

突然，我找到手錶了，但感覺非常驚訝，因為它竟然在房間的垃圾桶裡！

我馬上聯想到，應該是兒子把手錶丟到垃圾桶裡，他因為被我罵感到很生氣，所以做出了這種行為。

當下，我心裡充滿混亂與錯愕，很多複雜的感受與念頭湧上心頭。其中一個念頭是：「他怎麼會丟我的手錶呢？」後來我想到，兒子從出生開始，就看我一直把它戴在手上。這是我哥哥送的手錶。我相當珍惜，因為這是我們兄弟感情的象徵，所以我都不太允許兒子擅自拿這只手錶去看。

孩子是很敏銳的觀察者，卻是很糟糕的詮釋者。他知道我很在乎這只手錶，因為生我的氣，或許是想以牙還牙，抑或是要迫使我關注他，就把我的手錶丟到垃圾桶裡。

我當時的感受一開始是相當驚訝，後來是很難過，有一種心碎的感覺，想著：「我兒子怎麼會這樣對我呢？」然後，這種難過漸漸化為憤怒：「他怎麼可以對我這樣？」

但就在憤怒的同時，我突然想起當年踏入教育這行時，一位前輩曾跟我講過的話：「**寶鴻，孩子本身沒有問題，有問題的都是大人。當我們行有不得時，記得要反求諸己。**」

這句話，也是我從事教育多年以來，不斷提醒自己的座右銘。

孩子不會無緣無故把我手錶丟到垃圾桶裡。他會這樣對我，是因為我先對他做出讓他很傷心的事，他才會這樣做。我怎麼會讓一個這麼小的孩子，對他爸爸做出報復的行為呢？

我從垃圾桶裡撿起了手錶。轉過身時，我看到兒子正站在我面前，眼睛睜得大大的，有點焦慮的看著我。他嬌小的身軀顯得有些顫抖與不安。

我感到很慚愧，然後緩緩的說：「羽辰啊，你把我的手錶丟到垃圾桶裡了，是嗎？」他誠實的點點頭，坦然承認，而那雙天真無邪的眼睛，更彷彿在控訴我：「是的，爸爸，因為你讓我很受傷！」

當下，我無法說出話來。我看著他，停頓了三秒，然後默默離開房間，走下樓梯到一樓，那時太太正要上樓。我告訴她，我的手錶被兒子丟到垃圾桶了，她聽了感到十分驚訝。不過我沒有多做解釋，也沒力氣做解釋，只說我需要冷靜一下，請她先陪孩子去睡覺。

那天晚上，我一個人坐在客廳沙發上，感覺相當挫敗，覺得自己是一個很爛的爸爸。

報復行為的注意事項與應對

孩子為什麼會報復？是因為心裡感到很受傷。人在受傷時做出反擊，能宣洩情緒，體驗到自己有掌握感，有「你讓我受傷，我也可以讓你受傷」的意味，為自己帶來快感。但其實孩子心靈要受到相當程度的傷害，才會有這種行為。

減損孩子歸屬感與價值感的教育方式，例如打罵、處罰、威脅、恐嚇或命令，都容易促成孩子的報復心態。而會從事「報復」行為的孩子，通常是持續跟大人「尋求過度關注」與「權力鬥爭」到達一個程度以後，才會延伸出來的行為。

我和「綠豆粉圓爸」趙介亭[17]曾經就「報復」一事進行討論過。他如此認為：「在學齡前及國小中、低年級以前出現大人認為的報復行為，若以孩子的角度來看，他們並不是真的想要「報復」大人。**孩子的目的，仍是為了找到自己的歸屬感和價值感，所以會『做出一些他知道會讓大人也受傷的行為』，但目的並不是讓大人受傷，而是逼大人必須關注或回應自己**。這和青春期孩子或成人之間的報復有滿大的不同。孩子真正想要『傷害』大人，大概會在青春期之後，用自殘、自殺，或是交友、擇偶等面向去報復。就年紀較小的孩子來講，就算是報復行為，也只能算是星星之火。」

但俗話也說：「星星之火，可以燎原。」孩子之所以會這樣，正表示我們的教育方式無法培養出正向人格。如果家長不正視這問題，依然用固有方式對待孩子，甚至變本加厲，孩子的行為恐怕只會愈來愈偏差、愈來愈激烈。雖然這是個危機，但也是轉機。只要我們能修正對孩子的教養方式，雙方就會有更好的結果。

美國腦神經權威、兒童發展專家丹尼爾・席格（Daniel J. Siegel, M.D.），在《教孩子跟情緒做朋友》（*The Whole Brain Child*）一書把腦部比喻為一座兩層樓的房子，並將我們先前談到的情緒腦比喻為「下層腦」，理智腦比喻為「上層腦」。他指出當孩子腦部受到強烈的能量衝擊時（如難過、恐懼或憤怒等情緒），下層腦就會啟動，並做出反擊或逃跑（Fight or Flight）的反應；這時上層腦就像被整個掀起來一樣，會暫時無法運作，也無法發揮調節情緒的功能。所以孩子充滿情緒時，並無法理性、冷靜進行思考與判斷。

當孩子對我們做出反擊或報復行為時，其實代表他正被下層腦掌控。這時候跟他講道理絕對沒有用。必須要等到孩子冷靜後，才有辦法跟他溝通。有關如何處理

17 台灣親子教育家、「可能育學」創辦人，多年來致力於推廣「阿德勒幸福學」。

孩子的情緒，我會在第三部分更深入探討。

當孩子出現「報復」行為時，可參考下面四個應對原則。

1. 離開現場

若當下父母自己內在不安頓，必須先到自己的「積極暫停區」緩和情緒（詳細說明請見第二三七頁）。將負面情緒應對在孩子身上，絕對不會有正向效果。

2. 避免反擊

孩子是因為感到受傷才這樣反應的，父母任何方式的謾罵與處罰，都只會造成他更多的傷害；千萬不要因為一時情緒不佳，讓親子關係更加惡化。

3. 行動、不解釋

若孩子的反擊或報復行為，是加劇當下被提醒的行為，或改做其他不當的事，而且牴觸到「不傷害自己、不傷害別人、不傷害環境」任何一項，從蒙特梭利環境規範來看，成人需要當下以和善且堅定的態度予以規範，也就是「**決定自己要做的事，直接以行動引導**」。

關於這點，蒙特梭利博士認為「自由與紀律」是一體兩面的，我們要給予孩子的自由，是有規範的自由、有紀律的自由。若他無法遵守某件事的規範，那相對也沒有自由做那件事。這就像打籃球有不能用腳踢的規範，若一直犯規用腳踢，球員就會被判離場，沒有繼續在場上打籃球的自由。

曾有一位家長寫信給我，提到他孩子目前的問題：

兒子三歲九個月，從兩歲開始就有滿強烈的叛逆行為，我了解這時候要發展自我，但是常常遇到真的不能妥協的時候，孩子會故意做我們不讓他做的事，讓本來好言提醒的我們，變成以生氣怒罵收場。

舉例來說，我們跟他說，沙發不要跳，要跳可以去跳床跳，他就故意再跳沙發；跟他說走路要靠旁邊走，不然很危險，他就故意走外面；孩子在餐廳吵鬧，我們提醒要小聲一點，他就故意更大聲。

這些情況並不是發生在他情緒不好的時候，而且他很清楚不該做什麼，是故意做的。我們提醒時，也是溫柔堅定不斷說，但他又不停止，直到我們最後真的生氣才停止。

這是孩子與大人權力鬥爭的行為（想要自己作主），也是報復行為（你讓我難過，我也讓你難過）。但跳沙發、走路走在外面，很容易會發生危險；在餐廳吵鬧也是不尊重別人的行為。所以若是提醒兩次無效，我們當下確實需要以和善且堅定的行動來給予孩子明確的限制，以確保行為不會持續，例如將孩子帶離現場，或是轉移他的注意力，並等孩子情緒過後再來討論。

孩子在當下受到限制，一定會很情緒化。但這位孩子顯然感到相當受傷與挫敗，歸屬感與價值感都不足，所以才有愈提醒愈故意的傾向。其實當下限制他不難，難的是之後大人要如何改善自己的教養方式，才是幫助孩子削弱不當行為的最大重點。

4. 事後討論、修復關係

雖然事發時我們可以先離開，避免傷害孩子，但事後還是要找個好時機與孩子「事後討論」。但這裡的討論，要著重在阿德勒正向教養中修復關係的三個步驟，也稱為「修復關係的三R」：

(1) 承認（Recognize）
(2) 道歉（Reconcile）
(3) 解決（Resolve）

針對兒子把我手錶丟掉這件事，在第二天晚上睡前，我跟他在床上講完故事後，進行了以下對話：

爸爸：「羽辰啊，你還記得昨天晚上在收拾玩具時，有發生一些讓我們不愉快的事情嗎？」

孩子：「有……。」

爸爸：「羽辰啊，那時候爸爸罵你，是不是讓你很傷心啊？」

孩子：「是……。」

爸爸：「當時你覺得很難過，是嗎？」

孩子：「是……。」

爸爸：「而且覺得很生氣？」

孩子：「是……。」

爸爸：「羽辰啊，爸爸在那個時候，因為生氣了，忘記要用說的方式來表達我的感受，而是用罵的。我知道這樣做讓你傷心、讓你難過。」（**承認**）

孩子：「……。」

爸爸：「羽辰啊，爸爸覺得這樣很不好，我想跟你對不起，好嗎？」（**道歉**）

孩子：「好。」

爸爸：「羽辰啊，你可以原諒爸爸嗎？」

孩子：「可以。」

爸爸：「羽辰啊，你現在有什麼感受？」

孩子：「很開心。」

爸爸：「你怎麼會覺得很開心呢？」

孩子：「因為爸爸跟我對不起。」

爸爸：「羽辰啊，爸爸答應你，以後爸爸生氣的時候，會用說的方式來表達我的感受，而不是用罵的，好嗎？」

孩子：「好。」（**解決**）

於是，我跟孩子抱抱，決定以後要用更好的方式來表達自己的感受，不要再因為自己的情緒而傷害孩子。後來，我們把提醒孩子晚上收玩具的「命令語」改為「啟發式問句」，加上設置了每日作息表，問題就解決了。而我的情緒，也隨著對薩提爾的浸潤與學習，變得愈來愈好。

05

自暴自棄的孩子

「我就是不會。」「我就是做不到。」「反正我就是爛。」「不管我再怎麼努力，都是沒用的。」「我不可能會成功。」自暴自棄的孩子，心裡常想著這些自我對話。

為什麼會有這種想法？其實，這些孩子心裡對大人有著以下疑問：「為什麼我再怎麼努力，你都覺得我不夠好？」「為什麼我怎麼做，你都不欣賞我？」「為什麼你總是覺得我很差勁？」

在多次事件裡，孩子得到的結論是：「無論我做得再好，你總是能找到批評我的地方！」「不管我再怎麼努力，我永遠達不到你的期望！」「我永遠都不會讓你感到滿意！」

孩子在最在乎的大人面前，一再得不到欣賞與肯定，他們一方面會對大人這樣想：「我很受傷！為什麼你這樣對我？」另一方面對自己這樣想：「我很挫折！為什麼我這麼沒用？」

其實，孩子心裡對大人的期待是：「我希望你給我多一點欣賞和鼓勵！希望你能多在乎我的感受！」對自己的期待是：「我希望我是有價值的！」但遺憾的是，成人不習慣改變自己對孩子教養的觀念與方式，所以最後孩子放棄了——他放棄了自己。

孩子內心如夜航迷途的船隻，當中無風無浪，看不見星星，也沒有月亮。他們的心完全死寂。眼前對他們來講，是如此絕望與孤單；未來對他們來講，是如此茫然與徬徨，甚至認為：「我是沒有未來的。」

自暴自棄，始於大人每天給予的挫敗感

其實自暴自棄的孩子，也來自於無法提供歸屬感與價值感的環境。我們都希望

孩子好好長大，有獨立自主的能力、正向積極的人格，但到底發生了什麼事，讓孩子變得自暴自棄呢？

大多數情況是因為大人給予的挫敗感。當孩子還小、內在衝動仍比意志力強、動作發展仍未成熟、邏輯思考能力仍不足以解決日常生活問題時，大人就對他的能力處處表現否定。

・收拾：

當孩子東西沒收好，大人提醒一、兩次後，就開始厭煩的對孩子說：「已經提醒過你幾次了，怎麼還是沒收拾？」「要講幾次你才懂啊？」「每次都是這樣，你沒有收拾下次就不要玩了！」

孩子聽了這些話感覺有壓力，於是想快速把東西收好。但由於年紀仍小，他可能沒辦法趕快把客廳整理好，或是收拾的時候慢吞吞，甚至收到一半又開始在玩。這時大人愈看愈火大，用更負面、更對立的方式跟孩子說：「這裡！請你把這裡的玩具撿起來！」「請你再看清楚！還有什麼東西沒有收好！」「玩玩具就這麼高興，收玩具就這麼慢吞吞，每次都這樣啊你！」

結果，孩子每天在這些言語下被提醒收拾玩具，愈來愈覺得自己沒能力把事情做好。

·穿衣：

當孩子動作發展仍未精鍊時，慢慢練習穿襪子或扣鈕扣，大人往往會愈等愈不耐煩（因為對大人而言時間寶貴，但對孩子來說最多的就是時間），於是對孩子說：「快點啦！怎麼這麼慢？」「請你快點好嗎？」「怎麼這麼久還沒穿好？等一下不等你囉！」這些話語大人以為是提醒，其實都會讓孩子感到挫折。有些大人甚至看不下去、不想再等了，就直接幫孩子做這些事：「你太慢了，媽媽來幫你，每次都是這麼慢吞吞……。」

孩子在大人言語與行動的介入下，被迫終止想要自己完成的意願，更覺得自己無能。

·吃飯：

對孩子而言，吃飯是一件非常「本能」的事，想吃就吃，不想吃就不會吃，並不會有「雖然不想吃，但時間到了就必須把大人裝的飯吃完」這種觀念。不過在

「媽媽覺得餓」的前提下，許多孩子都會被限制在餐桌前，一定要吃完指定的量才能離開；甚至自己不想吃，也會被大人「強迫餵食」，沒吃完就不准離開餐桌。於是一日三餐，孩子都會覺得「我無法為自己作主」、「我是渺小的」。

試問一年三百六十五天、一日三餐下來（還沒算點心哦），光是吃飯就可以減損孩子多少自我價值呢？

・行住坐臥：

在成長過程中，孩子有太多正確事情需要學習，有太多良好習慣需要養成。就算到了四歲，很多觀念他雖然知道，但偶爾可能還是會「知道卻忘了」、「沒忘卻控制不住」。

然而，每當孩子做錯事，很多大人都習慣以「你怎麼還不會」、「你為什麼又犯錯」的態度來對待他，其中最常用的就是「知不知道」和「為什麼」，例如說：「你知不知道你被提醒幾次了？」「你為什麼要一直被媽媽提醒呢？」「請你告訴我，到底是為什麼？」

當大人不斷用「知不知道」與「為什麼」來質問孩子，不但無法激發他解決問題的能力，反而會讓孩子不斷自責：「我又做錯了，為什麼我這麼爛？」

寫到此處，我回想起自己以前亦曾被如此對待，當下相當有感觸，忍不住流下眼淚啊！

導致孩子自暴自棄的原因

下面這些大人的教養觀念和習慣，很容易造成孩子自暴自棄。當然，由於都是讓孩子歸屬感與價值感低落的因素，所以也可能會引起尋求過度關注、權力鬥爭、報復等行為。

・做得好是應該的，做不好就該罵：

這是很多傳統家庭的觀念，認為做得好是應該的，是孩子的本分；既然是本分，那麼做不好就該予以責備。確實，有些事本來就該做，例如每個家庭成員都應該分擔家事、學生就應該要認真讀書、父母就應該賺錢養家與教養育兒，以及煮飯和打掃……。

每個人都有自己要扮演的角色與任務，這固然無可厚非，但當大家都把彼此的付出當成「理所當然」時，人與人之間就漸漸變得愈來愈沒有人情味。大人這樣的身教，不但會讓孩子覺得就算把事情做好也沒有成就感，更無法體會感恩與感謝的美德與價值。

・**操之過急：**

有些大人可能比較急躁或不了解孩子發展，常誤以為孩子學過一次就該會，講過一次就該聽話，錯過一次就不該再錯。在孩子做不好的時候，大人因為期待落空了，失望的情緒就表現在語言和態度上，直接影響孩子的自信與自尊。

・**標準過高：**

有些大人標準太高，不容易接納孩子犯錯。一旦孩子表現不如自己預期，就會用不好的態度去對待、責備他。但有趣的是，這些大人往往會認為自己很能接納孩子犯錯。

・**過度控制：**

基於權力欲、控制欲所使，有些大人喜歡孩子處處聽命於自己，不允許他有自己的想法或選擇；常否定孩子提出的意見，並用各種方法與手段，迫使孩子配合自己的決定。這種大人也會讓孩子感覺很沒有自我價值。

・緊張大師：

對孩子常處於焦慮、緊張、過度關注的狀態，深怕一個閃失孩子就會發生危險，所以會用種種方式限制孩子，以免他不照著自己意思做而出現意外。

・愛指責、超理智[18]：

「指責」意指用責備的方式來對待孩子的錯誤；「超理智」簡單說就是跟孩子講大道理。這是大人常對孩子使用的兩種溝通方式，但都不能讓他感受到被同理、被接納或被理解。久而久之，孩子愈來愈覺得大人不在乎自己的感受。其實大人不是不在乎孩子，只是不懂更好的溝通方式而已。

・愛比較：

「你看某某某都不會這樣！」「你看某某某都比你厲害！」大人常以為這種比較的方式能激勵孩子，殊不知這樣反而會讓他感到挫敗！因為孩子不但不會「見賢思齊」，認為：「太棒了！我也要跟他一樣厲害！」反而會覺得：「媽媽只會稱讚某某某，都沒有稱讚我，我好傷心！」

以前我美語補習班有一位媽媽，很喜歡用姊姊優異的成績來跟弟弟比較。久而久之，弟弟變得愈來愈沒自信，成績也愈來愈差。後來，她認為我們這邊的管教方式太「寬鬆」，不適合弟弟，所以決定要把他轉到一間會打、會罵、會處罰的補習班，接受更「嚴格」的教育方式，並認為這樣弟弟才會有所成長。

我聽到這位媽媽這樣說，心裡感到很無奈。無奈的是，她也是老師，而且是小學資優班老師：不但自視甚高，對孩子要求也很高。而且她既然已經培養出一位資優姊姊了，弟弟怎麼可以失敗呢？所以必須嚴加管教，以後他才會有成材的一天。

但這位媽媽不知道的是，弟弟之所以每況愈下，正是她的錯誤教育方式所造成。她以為這樣能鞭策弟弟努力上進，殊不知這卻讓弟弟活在跟姊姊比較的陰影下，覺得自己處處不如姊姊，所以媽媽比較愛姊姊，而自己是個爛貨。

---

18 「指責」與「超理智」都屬於薩提爾模式的應對姿態。詳細說明請見第一三〇、一三二頁。

了解以上造成孩子「自暴自棄」的各種因素後，下面就來分享一些應對的原則與方法。

1. 多給予即時的鼓勵與感謝

家長應在日常生活中多給予孩子即時的鼓勵與感謝，讓他感覺到被在乎、覺得自己有價值。這不但是養成正向人格的重要教養方式，更是削弱孩子不當行為的關鍵手法！

家庭成員在「各盡本分」之餘，要開始練習「感謝」彼此的付出。爸媽賺錢養家、教養育兒雖然都是本分，但家庭成員也應該感謝彼此為家裡付出的辛勞與用心；同樣的，孩子把玩具收好、把鞋子放好、把脫下來的衣服放到洗衣籃裡，爸媽是不是也應該感謝他的成長與懂事呢？我們可以這樣說：

「嗯！爸爸／媽媽看到你把玩具都收拾好了，謝謝你把客廳變得這麼整齊！」

「爸爸／媽媽看到你把鞋子放進鞋櫃了，謝謝你為自己負責任！」

「爸爸／媽媽看到你會把髒的衣服放到洗衣籃裡耶，你愈來愈懂事了！」

當孩子沒把玩具收好、沒把鞋子放好、沒把脫下來的衣服放到洗衣籃裡，家長也不要急著就批評：「你怎麼還沒收玩具？你要玩到什麼時候？」「你鞋子又沒放鞋櫃了，請你過來放好！」「衣服怎麼每次都亂丟呢？請你過來把它放到洗衣籃裡面！」記得，在批評與命令語脫口而出之前，我們可以把它們改為「啟發式問句」（詳細說明請見第一〇九頁）。

此外也要注意，我們應給予孩子**真誠和具體的鼓勵**（encouragement），並且避免**空泛或浮誇的讚美**（praise）。

「孩子啊，爸爸看到你和媽媽晾衣服，還把衣服摺好，我真的很高興，也覺得很感動。」這是**真誠**表達自己想法和感受，對孩子會是很好的鼓勵。

「孩子啊，謝謝你把桌子收拾好、擦乾淨，還把碗盤都洗乾淨了！」這是**具體的鼓勵**，會讓孩子更清楚知道自己被感謝的原因，增長正向行為。

「哇！你做這麼多事，真的超——棒的！」這是空泛的讚美，孩子做了什麼事呢？什麼事超棒？大人說得不清不楚，孩子也被讚美得糊裡糊塗。

「哇！你真是超級無敵厲害的！我覺得你是世界上最棒棒的孩子！」這是浮誇的讚美，像是作秀給孩子看。這樣說不但不具體，還容易挑起孩子的情緒，可能會養成他喜歡向大人索取讚美的問題。

2. 將工作分解為細小步驟

這是在蒙特梭利環境裡教具操作的示範方式，引導者[19]會把孩子要做的事情分解為程序性的小步驟，並以清楚、精確、緩慢的動作，一一示範給孩子看如何做。對於三到六歲的孩子，引導者通常會把整個工作從開始到結束示範一次之後，再讓孩子進行練習。但對於零到三歲孩子，引導者則會和他相互合作（collaborate），以一個一個步驟輪流做的方式來進行，以此避免孩子因為意志力不足，看示範到一半就跑掉。

所以家長在家裡若要示範任何事給一到三歲的孩子學習，應該用互助合作的方式。孩子能參與到每個步驟時，會比較有興趣繼續做下去，也不會因為有太多步驟而感到害怕，或是因為做不到而氣餒。

3. 允許孩子有獨立練習的機會

孩子學習任何事情，都必須經過許多練習才會愈做愈好，這是急不來的。成人必須給予孩子練習的機會，並允許他在過程中犯錯與學習修正自己，才能支持孩子的成長。

19 蒙特梭利環境裡的成人被稱為「引導者（guide）」而非「老師（teacher）」，這是因為蒙特梭利博士認為教育最重要的目的，是引導孩子把內在潛力從內而外展現到世界上，而非純粹把許多知識從外而內灌輸給孩子。

4. 不給予批判或責備

若孩子在學習過程中犯錯，我們可以再為他示範，但不要處處給予批判或責備，例如對他說：「你怎麼又忘記啦？」「你怎麼還是不會呢？」「你不是已經學會了嗎？」這些話都容易減損孩子的自信與自尊。

5. 觀察孩子，不輕易介入

在孩子獨立練習時，大人要留意，不要看到孩子慢吞吞或遇到困難，就急著想介入「拯救」他。若是這樣做，容易讓孩子感覺自己能力不足。

在蒙特梭利環境裡，幫助孩子發展的其中一個守則是：「在孩子沒有主動要求下，成人應袖手旁觀，觀察孩子，不要輕易介入孩子活動。任何不必要的協助，都會障礙孩子發展獨立。」

6. 給予孩子貢獻的機會

多讓孩子參與貢獻、服務人群的工作。很多老師都喜歡選優秀的孩子當小老師；但我傾向選課業較差、學習能力較弱的孩子當小老師，請他們幫忙接電話、發作業本，或是下課時幫忙按對講機（我的補習班在二樓），幫忙叫小朋友回家。藉由為同儕貢獻，可以增長孩子的自我價值感與在團體裡的歸屬感。

7. 讓孩子往有興趣的目標發展

蒙特梭利博士強調，只要我們能幫助孩子找到一件他感興趣，並且能重複練習、產生專注的事，他就會從中慢慢獲得「正常化」（詳細說明請見第一九七頁）。這確實是對於自暴自棄孩子的良藥，若他能找到一個有興趣的目標，並有自由往這方向持續發展，就可能在這個過程裡，把偏差的生命能量慢慢自我修正到正常發展的軌道上，重新建立自我價值感。

8. 創造讓孩子成功的機會

讓孩子從簡單或已經會的事情開始，做到後給予即時鼓勵，重新建立他們的自信，讓他們看見自己是有能力的。哪怕是微不足道的進步，我們對孩子也要給予即時、真誠與具體的鼓勵。

9. 相信孩子

蒙特梭利博士說：「相信孩子。（Have Faith in Child.）」每個孩子與生俱來就擁有完美自己生命的潛力。

即使孩子現在不相信自己，但我們仍要信任他，確信其內在有著完美自己的力量，只是他尚未發現，還不懂得如何使用它而已。孩子的這些潛力，一直以來都被不利他發展的環境限制、壓抑，若我們能用正向的方法支持孩子，用愛來灌溉，終有一天他會有所改變。

10. 不要放棄、也不要可憐孩子

對於自暴自棄的孩子，我們要有耐心，不要放棄暫時看不見自己全體生命的他。但也不要覺得孩子可憐，因為這樣做可能會造就他更多的自卑。我們要以正向的態度鼓勵孩子，幫助他看到自己內在資源。

我的美語補習班級裡有一位二年級學生——小紳，他從小就被診斷為ＡＤＨＤ（注意力不足過動症），在班上學習能力不太好，上課時也經常分心。但我對這樣的孩子總會有多一點的接納、多一點的鼓勵。

某天下午一點半開始上課時，我發現小紳遲到了。到了一點四十五分，仍然未見到他。終於到了五十分左右，他才開門進教室。我用好奇的語氣問他：「小紳，你怎麼遲到了？」

小紳聽到我這樣問他，臉上帶著一絲的沉重與半點的憂鬱，並沒有回過頭來看我，而是一邊回自己座位，一邊小聲說了三個字：「忘記了。」

我知道他在打岔[20]，以不溝通為溝通。由於課程仍在進行，我並未追問。

在課程中間的休息時間，我看到手機有一則訊息，是小紳媽媽傳給我的。當時是下午一點二十九分，內容寫道：「老師，小紳堅持重錄完英文的作業[21]才要上課，但他卡住，一直哭……。」

然後在下午一點四十六分，有兩個語言訊息，是小紳的錄音。我點進去聽，聽到一個帶著些許哽咽、啜泣與鼻塞的聲音，但卻忍耐、堅強的唸著課文句子。我聽到的已不是單純英文句子有沒有唸錯，而是在那哽咽的聲音下，那份「雖然我知道自己不好，但希望做得更好」的態度。

我心裡感覺好揪心。

媽媽在下面還有一個留言：「他突然被一個英文單字卡住，覺得唸得很怪，試了幾次，就沮喪的哭了。然後我說慢慢唸，沒關係，他說不能讓老師聽到哭腔，又哭了……。」

看到這裡我更是感到不捨。

此時，第二節課要開始了。那天我們進行的是小組式的聽音辨字遊戲，學生可以自行找朋友，組成一個二到四人的小組。在老師唸出一個英文詞彙或句子之後，他們可以一起討論，寫出老師唸的詞彙或句子，然後拿給老師確認。若是答對，可

20 「打岔」屬於薩提爾模式的應對姿態。詳細說明請見第一三二頁。

21 在我的美語補習班，每堂課結束後孩子會有「回家錄音作業」。學生需要在家裡練習好之後，用LINE錄音傳給我。每個孩子的錄音我都會聽，並且給予回饋。若發音不正確或唸的內容不正確，我會以文字方式告知，或是以錄音方式示範正確唸法，請孩子修正好再錄一次。

以得到五十的籌碼一個。比賽結束時，得分最高的那組勝利。

我看到小紳與另外一位學生一組，於是在遊戲進行時刻意觀察他。當他覺得不會寫，或是給老師檢查發現寫錯時，就會有沮喪、不安的情緒，並且碎碎唸或小聲抱怨，與平常很「看得開」的性格截然不同。或許，這是因為小紳中午錄音沒錄好，挫敗的情緒還沒被處理、被安撫、被接納。我感覺他有點自暴自棄。

大概二十分鐘後，遊戲結束了，班級裡勝利者喜悅的笑聲，更是襯托出失敗者無言而沉默的失落。我看到小紳跟著大家把桌椅搬回定點時，那緊繃的身體與落寞的眼神，顯露出此刻他的內心有多沉重。

而在內心波濤洶湧的感受底下，我更聽到一個來自小紳內心深處、從渴望而發出的聲音：「**我希望自己更有價值**。」

於是，當小紳靠近我時，我坐下來看著他，接著對他說：「小紳啊，今天聽你媽媽說，你遲到是因為錄音沒有錄好，有個字一直沒有唸好，所以想要錄好才來，是嗎？」

聽到我這樣說，小紳停了下來，但並沒有看著我，只是低頭說：「是。」

我說：「小紳啊，謝謝你的努力。雖然媽媽說你錄音錄到哭了，但你還是沒有放棄，最終，你還是把作業錄好了。」

我看著小紳，感覺他聽我說完，突然心裡有一個大大的驚嘆號。稍微停頓後，我繼續以和善且堅定的語氣對他說：「小紳，我覺得你很認真、很努力。雖然遇到困難，但你還是不願意放棄，這樣的學習態度，我覺得是很令人尊敬的，我真的很欣賞你，謝謝你的努力。」

小紳聽我說完這番話後，奇妙且美好的事情發生了：他本來整個緊繃的肩膀，突然鬆下來了；本來僵硬不悅的表情，突然變柔軟了；本來不自覺一直往下彎的嘴角，突然上揚了。

從小紳進教室開始，我一直感受到他內心的浮躁與不安。但在這一剎那，全都消失無蹤。現在從他身上散發出來的，是一份如此接納自己的柔軟，是一種如此恬靜喜樂的氣息。

是什麼讓一位躁動的孩子，重獲平靜與安穩呢？我想，是因為成人對孩子的觀察、對感受的敏銳、對錯誤的包容，以及——我認為最重要的——對失敗與挫折的接納。

若老師能以全方位的角度來觀看生命，而不是光用孩子做得好或不好來評論、定義他的優劣，相信這世界上將會有更多孩子，也能以全體的角度來觀看自己，更找到他生命本有的價值與光采。

06

把焦點放在解決問題上

針對改善孩子四種不當行為，至此我們已提供許多具體的建議與方法。但正所謂「預防勝於治療」，在每天生活裡，孩子常出現各種錯誤行為。當我們要應對這些錯誤時，**阿德勒正向教養強調：要把焦點放在解決問題上，而不是在孩子的不當行為或處罰上。**

什麼是把焦點放在孩子的不當行為或處罰上？舉例來說，爸媽和兩個小孩開車出遊，兩個小朋友在後座一直大聲說話，還出現爭吵，媽媽好言提醒無效，開車的爸爸因此覺得很厭煩。

如果爸爸把焦點放在孩子的不當行為或處罰上，就會說：

「夠了！你們這麼吵幹嘛？（放在不當行為上）這樣影響到我開車是很危險的，你們知不知道？請不要再吵了好嗎？」

「你們給我安靜把嘴巴閉起來！不要再吵了！再這麼吵我就打你們嘴巴！」（放在處罰上）

其實，爸爸覺得孩子很吵，是擔心這樣會影響開車，但當下沒有誠實說出自己的感受，所以就一直忍著。到最後忍不住了，心裡的壓力愈來愈大，就變成用罵的。當大人太習慣把焦點放在「孩子不當行為或處罰上」，就會用負向的方式來提醒孩子。

如果爸爸當時把焦點放在解決問題上，可能會說：

「孩子啊！我感到很困擾，因為聲音太大了！有什麼辦法可以讓你們小聲一點呢？」（啟發式問句）

「孩子啊！我需要你們幫忙！這麼大聲會影響到爸爸開車的！我希望你們聲音可以小一點。」（邀請孩子幫忙）

最理想的做法是運用讓孩子經驗結果與啟發式問句。爸爸可以先把車停到路旁，然後跟孩子說：「孩子啊，聲音實在太大了，爸爸沒辦法專心開車，只好把車子停下來。你們希望我們就停在這邊，哪裡都不能去嗎？那可以怎麼辦呢？」

藉由正向教養的各種精巧方式，能幫助爸爸聚焦在「解決問題」而非「問題本身」，與孩子進行正向溝通。

應對四種不當行為總整理

不當行為	應對
尋求過度專注	1. 愛的說話公式 2. 引導到有意義的行為 3. 與孩子進行感受深刻的對話 4. 與孩子擁有「特別時光」 5. 建立「每日作息表」 6. 培養孩子「解決問題的能力」 7. 避免給予孩子「特殊照顧」 8. 忽略當下行為，給予孩子擁抱
權力鬥爭	1. 提醒兩次無效，就不要再提醒 2. 不對立，也不放棄 3. 彼此尊重 4. 避免衝突，適時離開 5. 設置積極暫停區 6. 有限制的選擇（相同結果但選擇不同） 7. 孩子不選，我們替他選 8. 以「每日作息表」提醒孩子

	9. 邀請孩子幫忙，用可以代替不可以 10. 兩個選擇，讓孩子從結果學習 11. 事後討論，重新跟孩子連結
報復	1. 離開現場 2. 避免反擊 3. 行動、不解釋 4. 事後討論、修復關係
自暴自棄	1. 多給予即時的鼓勵與感謝 2. 將工作分解為細小步驟 3. 允許孩子有獨立練習的機會 4. 不給予批判或責備 5. 觀察孩子，不輕易介入 6. 給予孩子貢獻的機會 7. 讓孩子往有興趣的目標發展 8. 創造讓孩子成功的機會 9. 相信孩子 10. 不要放棄、也不要可憐孩子

Part 3

內在

薩提爾模式透過探索內在冰山，覺察並釋放自己的情緒，獲得心靈的平靜與自由。一個內心安頓的成人，才會有穩定的狀態去給孩子正向教養，並且透過對話彼此連結，為親子帶來更多正能量。

二〇一七年八月，我第一本書出版約一個月後，我的臉書粉專收到一位讀者來信：

羅老師您好。我買了您的書，也讀完了。您寫得很清楚且實用。今天我看到一個家長，用最嚴厲暴怒的語氣對著小孩說：「我可以相信你下次會做到──嗎？」

我突然發現，教養最難的不是這些語言和方法，而是大人們無法處理自己的情緒。如果一個大人總是用很嚴厲、暴怒的語氣對著小孩說出「兩個選擇」的內容，我想小孩一定會覺得這兩個選擇都是地獄，而完全搞不清楚狀況。

鄧惠文醫師的文章說過，如果另一半在自己的原生家庭成長沒有得到足夠的愛，那麼，他現在對於孩子教養方面的這些「不理想」，很難用看書、聽演講、再進修，或是在教養文章上tag他來達到效果。因為他還是沒有得到該有的愛，還是沒有辦法處理好自己內心的小小孩，又如何在現實中面對孩子？

謝謝您幫大家把教養中的關鍵都整理出來了，再次感謝。

六歲和一歲的雙寶爸　敬上

當時看完這封信，我的內心起了很大的震盪與省思。這位讀者說的話相當正確：

「成人內在不安頓，方法再好也枉然。」

但內在要如何安頓？雖然我本身浸潤在蒙特梭利教育已將近二十年，對理論與實務有一定程度的認識與經驗；但自問心靈層次，也未達到自己滿意的程度。在教育的路上，**我看到一直以來讓許多老師感到最困擾的，其實不是孩子調皮，也不是沒有方法，而是過不了自己那關。自己的哪一關？就是「情緒」這關。**對於「情緒」的議題，當時我也尚未找到能對症下藥的具體方法。

寫這封信給我的讀者確實是我的貴人，因為他開啟了我在學習蒙特梭利教育多年後，再往阿德勒與薩提爾探索的緣分。這位讀者就是二〇一八年出了《跟著中醫爸爸調小兒體質》一書的劉宗翰醫師。

跟宗翰認識之後，他說自己在學中醫以前，念的其實是心理學。他當時有幸遇到很好的老師，能夠在大學時代就好好回顧自己的童年，以及原生家庭造就他童年許多不甚愉快的影響。然後，他知道自己和那些不快樂道別了，因此幸福的他現在才能夠好好面對他的孩子，以及病人。

聽宗翰這樣說，我的內心也起了相當的共鳴。因為多年前我從美國回台灣之後，在工作與生活上一直都悶悶不樂，既沒有動力，也沒有目標，不知道自己想要什麼，更不敢去追逐。我對未來沒有任何憧憬，卻在每一個當下感到失落。

機緣巧合下，我參加了一些成長課程。在課程中回顧了自己在原生家庭中童年的未了事件。我去面對、處理它，擁抱了小時候的自己，才漸漸從過往事件的影響走出來，改變自己舊有的模式，卸下固有的框架，踏上期許自己成為好老師的道路。

因為走過這段心靈之路，所以我認為：蒙特梭利教育能讓我們了解孩子內在發展需**求，給予孩子良好的發展環境；阿德勒正向教養能給予有效的教養工具，幫助培養**

孩子正向人格；但要讓每個成人內在安頓，能以穩定情緒給予孩子正向教養，落實蒙特梭利教育的美好理念，還需要透過薩提爾。

所以我認為如果能有一本書，把蒙特梭利、阿德勒與薩提爾三者的長處融合，以淺顯易懂的方式彙整出來，就能省去家長從三個截然不同的學派裡尋找精要的時間，既能幫助成人，也能幫助孩子，這會是多美好的事啊！

所以，我帶著當初學習蒙特梭利那樣的熱情，投入了阿德勒與薩提爾的學習，參加各種相關課程與工作坊，希望有一天能把願望實現。我漸漸發現，從中獲得最大利益的原來不是家長，而是我自己。第三部分就讓我們來看看，薩提爾可以如何幫助我們面對情緒的議題——不論是自己的或孩子的。

01

處理自己當下的情緒

某天晚上的洗澡時間快到了，我跟五歲四個月大的兒子說：「羽辰啊，還有五分鐘我們就要上去洗澡囉。」兒子一邊說「好」，一邊專心玩著他手上的橡皮筋。

五分鐘後，洗澡的時間到了，此時地上有兒子因為玩而弄髒的一些衣服，於是我對他說：「羽辰，時間到了，我們要上去洗澡囉，請把你放在地上的衣服撿起來，我們要上去了。」兒子仍一邊說「好」，一邊玩著他手上的橡皮筋。

我從餐桌的椅子起來，準備要上樓。但看到兒子仍專注玩著自己手上的橡皮筋，心想：「好吧……給他一點彈性時間。」於是我整理了一下明天上課時要使用的教材。

這樣又過了五分鐘，兒子仍玩著他手上的橡皮筋。我請他拿起來的衣服，還是原封不動堆在地上。

我開始有點不耐煩了，說：「羽辰，我們要上去洗澡了，請把你的衣服拿起來，我們要上去了。」但是，兒子仍然做著自己的事，沒有任何想要洗澡的意思。

突然間，我感覺心裡一把火冒起來，於是把餐桌上的茶杯拿起來，喝了一口茶後，用力把杯子放在桌上，發出很大的聲響。

「砰！」兒子和太太當場嚇了一跳。太太知道我生氣了，就以溫和的語氣對我說：「哈尼，怎麼啦？」我和她有個約定，就是當任何一方有情緒時，另一方只要喊「哈尼」，就是用這暗號來提醒：「你已經有情緒了。」

聽到暗號後我是停下來了，卻說不出話來。我太太再用溫和的語氣問我：「哈尼，怎麼啦？」我還是沒有說話，因為我知道，我——生——氣——了！也很確定自己生氣當下說出來的話，應該不會很好聽。

同時，我感受到自己的胸口正悶著，怒氣在胸口即將竄出。於是我離開餐桌，很明確知道自己現在要做什麼——慢慢走到二樓屬於我的「積極暫停區」。

我走進主臥室，來到睡床前面的藤椅旁，這是我「積極暫停」的專用座椅，上面放了兩個舒適的枕頭。

我坐下來，開始慢慢感受自己。從身體開始偵測，體驗到胸口悶悶的，而心跳、呼吸有點急促；我感覺到自己還在生氣。

既然能清楚辨識到目前的情緒，我馬上開始對自己做「三A情緒急救」[22]。我把慣用手輕輕放在自己胸口中間，開始做緩慢的深呼吸，溫柔對自己說：

我覺察（Aware）自己在生氣；

我承認（Admit）自己在生氣；

我允許（Allow）自己的生氣；

我願意陪伴自己的生氣。

在這樣對自己說之後，我感覺到心裡的生氣漸漸被關愛、被照顧了，而且彷彿找到一個出口，自然而然、慢慢從我心裡釋放出去。

大概一到兩分鐘的時間，我感覺到自己漸漸不再生氣了，但我卻體驗到原來在「生氣」底下，還有另一個感受。

通常「生氣」不是第一情緒，它是其他情緒沒有被照顧到，最後心裡才會出現的「警訊」。所以在生氣退散後，我才發現更深層的感受——難過。

探索內在冰山，釐清情緒由來

於是我坐在椅子上，以好奇與關愛自己的態度，開始探索內在冰山的各個層次（詳細說明請見第一二七頁），嘗試找出情緒的由來。

---

22 對於情緒處理，較完整的說法總共有六A，分別為：覺察（Aware）、承認（Acknowledge）、允許（Allow）、接納（Accept）、行動（Action）、欣賞（Appreciate）。但在通案中發現，當下有情緒時其實三A就足夠。而且有時候做到第四個A的接納，某些人因為期待自己趕快從情緒中走出來，會希望盡快做到接納，因此用頭腦干預了內在對情緒在前三A的消化過程，最後接納只流於觀點，無法真正有所體驗，成功釋放情緒。

- **感受：**現在我感到生氣。
- **事件／故事：**我生氣的原因是，剛才我提醒兒子收拾，但他不接受提醒；我叫了他好幾次要收拾了，他都當作沒聽到。
- **觀點：**根據從小到大家裡的規條，我認為孩子被大人提醒，就是應該要馬上做；什麼時間該做什麼事，生活才有規律，才是良好習慣。
- **對孩子的期待：**我希望我的孩子知道什麼時間該做什麼事。
- **對自己的期待：**我也希望自己是把孩子教好、盡責的好爸爸。
- **對自己的觀點：**但孩子並沒有聽我的話，這讓我覺得自己是沒把孩子教好的爸爸。
- **對孩子的觀點：**我也覺得他是一個不聽話的孩子。
- **感受：**我對自己的期待落空了，覺得很難過；我對孩子的期待也落空了，覺得很失望。
- **感受的感受：**我很不喜歡這些難過、失望的感受，我開始覺得很委屈！
- **觀點：**但我覺得最糟的是，兒子可以繼續做他想做的事情，太太也可以做她想做的事，但是我卻不可以[23]。我一直在等兒子，但他都沒有理我，我認為他在浪費我的時間，感覺自己不被尊重！

・**感受、觀點、期待：**所以，我生氣了！我討厭自己不被尊重，更不喜歡覺得委屈，我想藉由生氣來壓過他，讓他聽我的話！生氣會帶給人「有力量」的感覺，覺得可以控制身邊所發生的事。我希望藉由生氣來控制現在的場面！

探索至此，已然有一種「撥開雲霧見青天」的感覺。

突然，我被一聲「把鼻」的溫柔呼喚打斷，是兒子上來了。他拿著自己的衣服走進房間，看著我再說：「把鼻。」眼神帶著一點懇切、一點焦慮。

這時很奇妙的是，我感覺自己已經沒有情緒，心中平復、穩定許多。在看清楚所有情緒的來龍去脈後，內心竟然變得如此平靜和自由。我用緩和的語氣跟兒子說：「羽辰啊，爸爸跟你說一下話好嗎？」而他走到我面前，跟我說：「好。」

23 當天太太晚上有些特定工作要做，所以我們協議由我負責陪孩子洗澡、講故事、睡前儀式和睡覺。

我說：「羽辰啊，爸爸剛才不是在氣你。爸爸很喜歡跟你一起洗澡的時間。我剛才生氣，是因為我覺得洗澡時間已經到了，但我要一直等你做完你想做的事，我們才可以洗澡、睡覺。這樣我想做的事就沒辦法做，所以我感到很委屈，覺得有點不公平，因為我還有很多事要做……結果我就生氣了。我這樣說你了解嗎？」

兒子說：「了解啊。」我聽了有點驚訝的問：「你真的了解？」他說：「真的啊！」我再問：「那你覺得下次我們要怎麼樣才好呢？」他馬上說：「很簡單啊，下次洗澡的時候我快點上來就好啦。」

此時我有點訝異，懷疑他是不是有跟媽媽套好，再問：「真的嗎？」他說：「真的！」我說：「我可以相信你會做到嗎？」他爽快回答：「可以。」我說：「好，那我們來洗澡吧。」

那天晚上的洗澡，兒子不但分外敏捷，還特別俐落。之後，我也調整了自己的做法。洗澡時間到了，我沒有再等孩子跟我一起上樓，而是說：「羽辰，洗澡時間到了，我先上去，你收拾好再自己上來哦。」他會說：「好。」然後過一陣子就會自己上來。我不再催促他，他也不用我一直提醒。我輕鬆，他也自在。

自我情緒急救與調解

若是從前，當我把杯子放下來之後，很可能就是火山爆發、大發雷霆了。但開始學習薩提爾模式後，我就經常練習覺察自己的內在。尤其剛入門時，崇建老師曾跟我說：「關於對話的部分，我以為對話者的內在，是對話的關鍵。內在包含對話者的感受、觀點、期待與渴望，亦即冰山的各個層次。」

既然「對話者的內在，是對話的關鍵」，這就表示我們必須對自己內在發生的一切非常敏銳，才能成為一名優秀的對話者。所以，我開始每天練習，除了早晚固定各半小時的靜心練習外，在日常生活中也常鍛鍊自己提起覺知。可幸的是，大腦可塑性很高，就像肌肉一樣，可以透過正確的鍛鍊變得愈來愈強壯。而靜心帶來以下好處：

- 提升覺察力。
- 讓自己對身心感受更敏銳。

・提升自我情緒控制能力。
・提升自己身心靈的健康。
・讓心靈更有彈性、韌性。
・成為情緒的主人，內在獲得真正的自由。

透過不斷練習，我發現自己對情緒的敏銳度提高了，開始有情緒的時候，就能覺察到自己情緒的生起，並採取急救措施。研究顯示，自我覺察能啟動大腦前額葉皮層的內側，傳遞訊息到掌管情緒的杏仁核，安撫正在發生的情緒，免於自己的上層腦被情緒掀起來，最後一發不可收拾。

另外，我在學習薩提爾時領會到對自己非常重要的一點。以往我對自己的情緒，無論是生氣、恐懼、難過、受傷等，都習慣採取壓抑、忽略的方式；但現在我開始學習去面對它、處理它、放下它了。唯有學習用更健康的方式來面對情緒，有朝一日才能從情緒中得到自由，不再成為情緒的囚犯，就如同先前說的「過不了自己那關」。

丹尼爾・席格博士在其著作《教孩子跟情緒做朋友》中提過，當腦部受到強烈能量衝擊時（例如感到難過、恐懼或憤怒），上層腦會像被整個掀起來一樣，暫時無法運作。**這時候能幫助緩和情緒，再次啟動上層腦來調節情緒的方式，就是「用語言辨識目前情緒」。當情緒感受被覺察、被辨識時，上層腦就能啟動，讓前額葉有辦法調節情緒。**

在覺察到情緒以後，接著繼續用以下幾句話引導自己：

- 我覺察自己在生氣：正視自己有情緒的事實。
- 我承認自己的生氣：我讓自己不再逃避情緒。
- 我允許自己的生氣：我願意同理生氣的自己。
- 我願意陪伴自己的生氣：我安撫生氣的自己。

這是同理、安撫情緒的步驟。我們懂得這樣對待自己，才會懂得如何安撫孩子的情緒。

另外，我在情緒急救時，使用阿德勒正向教養中的重要工具「積極暫停區」，讓自己有一個安全、不被打擾的環境，緩和自己的情緒，探索自己的內在（詳細說明請見第二三七頁）。

正所謂「工欲善其事，必先利其器」，對患者有效率的急救，最好是在醫院急診室；對大人有效率的情緒急救，最好是在「積極暫停區」。至少，我們應該先從家裡的「積極暫停區」開始練習；等到熟練、內化了，以後無論是居家生活或出外旅遊，都能靈活使用，自身育兒的功力也就提升一甲子了。

人類的情緒像一波又一波的海浪，每一波情緒的時間大概是九十秒左右。所以出現一波生氣的情緒時，如果我們能及時到「積極暫停區」，採取三A情緒急救措施，那下一波來的就會是安定的情緒。如此，就能從情緒波浪中漸漸恢復平靜，而不是被它給淹沒。

在進行「三A情緒急救」時，若能同時進行和緩的深呼吸，也會對調節情緒有幫助，使自己緩和下來。因為深呼吸能傳遞信息讓大腦知道：「現在是安全的，沒有危險的。」而深呼吸時要刻意放慢吸氣與吐氣，以吸氣三到四秒鐘、吐氣七到八秒鐘為宜。

另外要注意的是，正確的深呼吸就像唱歌一樣，是用腹式呼吸：吸氣時，會感覺腹部微微往外突出；吐氣時，會感覺腹部微微往內縮。如果你在站著或坐著時，覺得這樣做深呼吸不自然或不放鬆，可以先躺著練習，以仰臥姿勢來體驗深呼吸時腹部膨脹與收縮的感覺，會比較容易掌握。

整合左右腦，在情緒中找到自由

當大腦因為「情緒急救」而恢復調節情緒的功能後，我就會開始把注意力轉移到敘述事件的細節（冰山），以及表達自己的情緒上，讓左右腦同時使用，以左腦的邏輯來平衡右腦的情感，讓情緒更進一步恢復安穩。

我們先來探討一下右腦與左腦的差別。

右腦掌管感受與情緒，能體驗事件整體的場景——所有感受、圖像、涵義及非語言訊息。簡單說，右腦著重在感覺上，是我們的感性面。

左腦負責思考與組織，關心事件中的細節、邏輯與秩序，是求實的、語言的、線性的、有組織的。左腦最愛問：「為什麼？」是我們的理性面。

雖然我已經用「情緒急救」來幫助自己緩和情緒了，但大家或多或少遇過以下情況：有時遇到一些事情而感覺很生氣，就算勉強把情緒壓下來，過沒多久想到又會不能自已開始生氣；或者在心裡感覺煩躁的時候，如果不理會這些情緒，就會在心裡不斷累積，最後可能會讓我們做出一些後悔的事、講出一些後悔的話。

根據從小到大的經驗，我們都知道「忍久了就會忍不住而爆掉」，但似乎仍一直用這種消極的做法，不斷輪迴在「忍不住就爆掉」的漩渦裡。上一代是如此，這一代是這樣，甚至可以預測下一代也還是一樣。

為什麼這種事會不斷在每一代重演呢？其實是因為人們對待情緒的觀念與方式一直沒有改變，才會代代相傳下去。

記得以前我跟太太在爭執過後，兩人氣都消了，太太會主動跟我說：「我們來喝喝茶、聊聊天吧！」但我都會跟她說：「喝茶可以，但不要聊今天的事了。」她問：「為什麼？」我說：「我不想。」她再問：「你真的不需要聊聊嗎？」這時候我就會回答：「事情都過去了，有什麼好聊的呢？不高興的事情過去了就算了，還拿出來講幹什麼？難道要再不高興一次嗎？」

我之所以會有這種想法，是因為從小就是在這種家庭中長大，家裡人起爭執或有不愉快的事，都不會拿出來討論。在電影中常看到的情節：「好啦，事情過去就算了，大家不要生氣了，吃飯、吃飯！」這正是我原生家庭的寫照，大人習慣把各種感受隱藏在心裡，顯露出來的就是表面的「和氣」。

固然，傳統的「以和為貴」、「克己復禮曰仁」、「忍一時風平浪靜」等觀念是很高尚的情操。但「以和為貴」不代表不表達；「克己復禮」不代表不溝通；「忍一時」不代表之後不討論。**若大家能在心情平復之後，把衝突的事件拿出來討論，探討彼此的觀點與期待，才有機會從彼此不同的觀點中慢慢達成共識，產生雙贏與和諧的局面。**

很多人不願溝通、不願表達自己，其實是因為從小到大所學的「應對姿態」無法兼顧自己與對方的感受。指責、討好、超理智、打岔等方式，都無法與對方有良好溝通。因此薩提爾提出，溝通時若能採用「一致性」的應對姿態，在對話中保持「在乎自己的感受，在乎對方的感受，在乎當下的事件」，溝通就會比較理想。

如果我們都習慣把自己的想法和期待放在心裡，期待伴侶或孩子跟我們「心心相印」，妄想對方能體貼「猜透」我們心裡的想法並配合我們，那彼此達到有共識、和諧的一天，真不知道何時會來臨。

學習薩提爾之後，再回顧前半生對溝通的錯誤態度，終於有一種「豁然開朗」的感覺，我不但接納了從小到大不善於溝通的自己，也擁抱了小時候家庭出現過的種種衝突。透過整合右腦與左腦，我們將能進一步幫助自己，在情緒中找到自由，穿越「一直過不了的那一關」。

愛自己的靜心練習

我會在晚上與清晨靜坐。靜坐當下體驗著身體與內在，允許各種感受、情緒與觀點的出現；不做任何壓抑或抗拒，純然覺知它們，觀看它們、允許它們。

我發現，當心裡的想法被覺察時，只要不隨之起舞，它就會慢慢消失。而當感受與情緒被允許時，只要不抵抗它，它就會慢慢變淡，漸漸被內心所接納。

此時，內心會有一種「被愛」的體驗。

以前我不懂得什麼叫做「愛自己」，遇到有情緒的事件，總會用理智把這些感受壓抑下來，誤以為冷靜、理智才是有智慧與成熟的表現。現在方才了解，冷靜、理智是成熟的結果，但並非過程。

當我們忽略了過程中的允許、釋放與接納，直接跳到結果時，將無法讓感受被全然體驗，它就會被束縛在內心裡變為陰影，成為心裡無形的囚犯。

憤怒的囚犯、受傷的囚犯、沮喪的囚犯、難過的囚犯、孤單的囚犯、自責的囚犯……心裡變得愈來愈負面，也愈來愈沉重，無法振作。我們漸漸開始發現，自己會沒來由變得心情不好、情緒低落，也會莫名的情緒暴躁。

而不懂得愛自己，又怎麼懂得愛別人呢？以前我對身邊親近的人，往往都很情緒化。因為和親近的人在一起，不需要掩飾自己，所以內心深處未被處理的陰影，反而常在這些關係中跑出來，傷害到別人，也傷害了自己。

這是因為，若我們習慣用對立的方式來面對自己內心的感受，在親密關係上，也容易用對立的姿態來應對他人。

直到我學會靜心，觀看自己內在，允許與接納心裡的各種感受時，我才開始轉變；

我才懂得如何真正「愛自己」。

「愛自己」這三個字，是以前在參加成長課程時，大家常常掛在嘴邊的口號。教練和夥伴都常跟我說：「你要多愛自己！」「你要多疼惜自己！」「你要對自己好一點！」

於是，我就會去買喜歡的食物給自己吃、買想買的禮物送給自己、去一些想去的地方，或是做一些想做的事等，以為這就是愛自己。而之前我對自己所愛的人，也都是用這種方式來表達愛。現在回想，覺得這應該是「聖誕老公公的愛」，還滿「可愛」的。

不過現在我更加了解，原來**真正的愛自己，是學會貼近自己內心，是在當下與自己內在共處，是允許與接納自己當下所有的感受。**

因為，接納就是愛。

在了解這點後，我靜坐時每天練習著與自己的感受在一起，漸漸有明顯的進步。

在過程中，我更能感受到身心的放鬆、心靈的沉澱。靜坐過後會覺得身體很舒服，內心有一種淡淡「被愛」的感覺。而這種愛，是真正在「渴望」上的體驗，而非只是「觀點」上的想法。

真正懂得愛自己，才會開始懂得愛別人。今天，你練習「愛自己」了沒有？

延伸閱讀：
練習貼近自己內心

好奇帶來敘述，敘述帶來療癒

怎麼把右腦與左腦連結呢？方法就如崇建老師在《薩提爾的對話練習》中所說：「好奇帶來敘述，敘述帶來療癒。」藉由好奇的問句，我們一步一步的把內心的感受變成語言，透過敘述表達出來。

當我們讓左腦與右腦相互合作時，就能把剛才右腦在事件經驗到的情緒，藉由左腦的故事敘述釋放出來。丹尼爾．席格博士以「衝浪」來比喻此過程：一個人生氣時左右腦若沒有連結，右腦憤怒的情緒巨浪洶湧澎拜，沒有任何出口，很容易會將他給淹沒；若能用語言訴說自己的感受，把發生的事情敘述出來，左腦就能幫助他在右腦憤怒的巨浪上衝浪，最後安全的回到岸邊，心裡得到平靜與安穩。

一開始練習探索自己的冰山，可能會覺得有點困難，可以按著書上的引導來進行，多練習幾次，就會愈來愈熟練。當我們愈了解自己的內在，就愈能獲得內在的自由，也愈能幫助別人從情緒中得到解放。想要學習薩提爾對話的人，我建議先從練習探索自己冰山開始。

本篇我闡述了如何應對自己情緒的方式，主要利用薩提爾與大腦運作方式來進行。了解怎麼幫助自己處理情緒後，又該如何幫助孩子呢？讓我們慢慢看下去。

❶

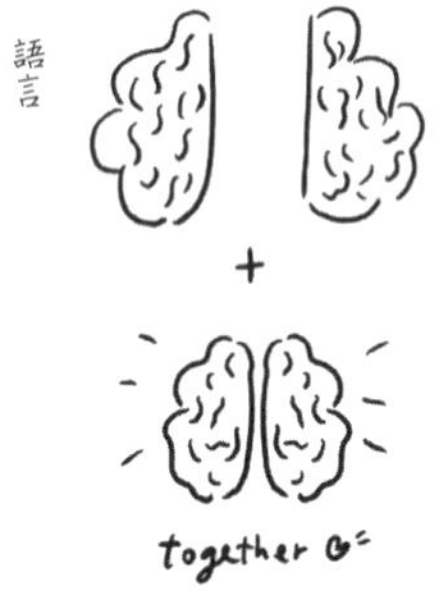

❷

❶ 當我們心情煩躁，卻沒有辦法用語言表達出來時，負面的情緒就會不斷在心裡累積，最後很可能就會讓我們做出傷害自己、傷害別人的事。

❷ 但是當左右腦共同合作時，左腦就可以把右腦的感受藉由語言表達出來，我們的情緒就有辦法釋放了！

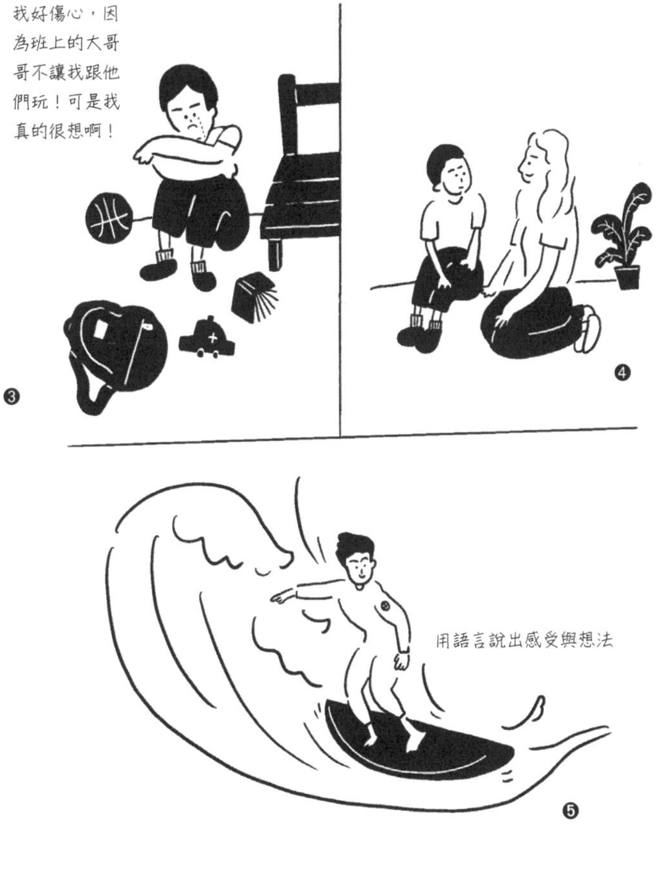
我好傷心，因為班上的大哥哥不讓我跟他們玩！可是我真的很想啊！
❸
❹
用語言說出感受與想法
❺

❸ 小明很難過很委屈，因為班上大哥哥正在玩的遊戲不讓他參與，所以他感到很傷心，心裡的情緒即將要把他淹沒了。

❹ 老師坐到小明旁邊，詢問他的感受，以及發生了什麼事。

❺ 在小明用語言說出感受與想法時，左腦就幫助他在右腦的情緒上衝浪，逐漸讓他安全回到海岸邊，渡過情緒的波浪。

02

處理孩子當下的情緒

上一篇我們談到「三A情緒急救」的原理，而這個方法其實也可以應用在孩子身上。

不要忘記自己的名字，不然會變成孤魂野鬼

某個週末晚上九點多，家裡有些朋友來聚會。當我跟朋友分享最近學習上的點滴時，手機突然響起來。

來電者是我從大學就認識的好友，以演員、主持人聞名的Jacko（蔣偉文）[24]。

看到Jacko的來電，我突然有點擔心。因為他從來不曾在晚上打電話給我，最多是傳簡訊。

「發生什麼事了嗎？」我心想，隨後安靜離開客廳，走到外面接電話。按下接聽後，電話螢幕上傳來畫面，原來Jacko是打視訊電話。從另一邊的影像來看，他似乎在車上。

我猜想他是不是在家裡發生什麼不愉快的事，所以出來到車上打電話給我，想要跟我吐苦水？於是我問：「Hello Jacko, what's up?（嘿，偉文，怎樣？）」寒暄幾句後，他也不拐彎抹角，直接說明打電話給我的原因。

原來，他是要謝謝我。

我那天上午和Jacko在台北中廣流行網做「蔣公廚房」節目錄音時，我向他分享

24 蔣偉文（Jacko Chiang，一九七二年三月十四日—），二〇〇八年改本名為蔣緯承，目前以原名蔣偉文做為藝名在演藝圈發展，出生於台北市，台灣男演員、主持人。美國南加州大學畢業。目前主要活躍於主持、演戲，為中廣流行網節目「蔣公廚房」的主持人。曾在TVBS的美食節目《吃飯皇帝大》中，以幽默逗趣的「幸福料理鐵人」角色贏得許多女性觀眾的支持喜愛，並於二〇一九年獲得第五十四屆金鐘獎「生活風格節目主持人獎」。

了可以幫助孩子遵循規範、緩和情緒的方式。他當晚試用在孩子身上，果然馬上奏效。他為此相當高興，於是趁開車出來買東西時，打個電話給我道謝。聽到他這樣講，我就放心許多了。我想，Jacko 是相當出色的演員，他跟孩子「對話」時應該非常入戲、有感情，所以得到更好的效果吧！

我跟 Jacko 是在美國讀大學時認識的，後來我們也都回來台灣發展，但一直以來都沒有聯絡。直到兩年前，我的第一本教養書問世，Jacko 剛好在誠品書店看到我的書，很歡喜知道老朋友竟然出書了，所以主動打電話到出版社，邀約我上他的節目分享，我們因此重逢。

那時候，他也已是兩個孩子的爸了，而我剛好是對教養術業有專攻的人，因此我們一拍即合，兩家人開始常常一起出來玩，一起聊孩子經。我每個月會固定到 Jacko 的廣播節目當他的來賓。在錄音前一小時，通常我們都會先碰面，一邊吃早午餐，一邊討論等一下要在節目裡講的內容。

那天我分享的方式是：在給予孩子規範以前，要先跟他的感受做連結。對此，我在第一本書裡的詮釋是「先同理，再處理」，亦即阿德勒正向教養所說的「先連結感情，再處理事件（Connection before Correction）」，其中最重要的是「用語言辨識孩子目前感受」。

記得第一次受邀參加崇建老師的薩提爾工作坊時，曾聽過他對「感受」精闢的說明：

在電影「神隱少女」裡面，千尋曾被白龍提醒，千萬不要忘記自己的名字。如果忘記了，就會變成孤魂野鬼。這裡面講的，其實就是人類心裡的感受。當我們沒有覺察心裡感受，它就會成為我們心裡的孤魂野鬼，一直影響著我們，直到我們覺察它，叫出它的名字為止。

唯有想起自己的名字，孤魂才會恢復自己真正身分，得到救贖；感受唯有在被覺察、被辨識時，才有辦法找到出口，得以釋放。

用感性連結孩子的情緒腦

Jacko 告訴我，最近他大兒子 Jackson 每晚看完十分鐘卡通，要他關掉他都會生氣。而 Jacko 覺得他已經是大班孩子了，不應該還像中小班的時候，常常跟他「先同理，再處理」。他說很多人都認為，一直都用這麼柔軟的態度來對待孩子，他以後會變得很驕寵、不成熟、不堅強。所以，是時候要對孩子強硬一點，讓他變得更「堅強」了。

對於這種看法，我向 Jacko 分享，我個人認為真正的「堅強」，是來自於一個人對自己各種內在感受的了解、接納與包容，而不是強忍著各種感受，但不去體驗它、不去感受它。這樣不是堅強，而是「勉強」。而且這只能一時，久了是會反彈、會爆炸的。所以，這並非真正的堅強。

對於大腦發展而言，理性腦（大腦皮層）要到二十五歲時才會成熟。所以，要處理未成年孩子的行為與規範問題，都應該先從孩子的情緒腦著手。換句話說，要從連結孩子感受開始。

我建議Jacko，當孩子因為不能繼續看卡通而不高興時，不要先跟他講「理性的道理」，而是要跟他做「感性的連結」。為了要讓Jacko更有體驗，我邀請他跟我進行模擬演練，他扮演兒子，我扮演爸爸。

例子一是跟孩子講「理性的道理」；例子二是先跟孩子做「感性的連結」。

例子一

爸爸：「時間到了，請你把卡通關掉。」

兒子：「可是我想再看一下下嘛！」

爸爸：「不行，我們剛才有約定好的哦，請你把它關掉。」

兒子：「嗚……我就是想要繼續看嘛！」（有點生氣）

爸爸：「你怎麼這樣呢？我們明明就說好看十分鐘的！」（有點生氣）

兒子：「沒有！明明就沒有說好！」（愈來愈生氣）

爸爸：「你還不承認？你再這樣亂說，明天就沒得看囉！」（愈來愈生氣）

兒子：「我沒有亂說！你才亂說！」（很生氣）

爸爸：「你，還敢頂嘴！」（很生氣）

例子二

爸爸：「時間到了，請你把卡通關掉。」

兒子：「可是我想再看一下下嘛！」

爸爸：「我們剛才有約定好的哦，請你把它關掉。」

兒子：「嗚……我就是想要繼續看嘛！」（生氣）

這時爸爸覺察到孩子生氣了，用感性的語氣說：「Jackson，（停頓三秒）你沒得繼續看卡通，很生氣是嗎？」（用語言辨識孩子目前感受）

兒子：「是！」

爸爸繼續感性的說：「是的，Jackson，爸爸知道你在生氣。」（允許孩子的情緒）

接著，爸爸再次緩慢的說：「Jackson，（停頓三秒）你沒得繼續看卡通，很失望是嗎？」（用語言辨識孩子目前感受）

兒子：「是……。」（沒這麼有情緒了）

爸爸感性的說：「是的，Jackson，爸爸知道你失望。」（允許孩子的情緒）

爸爸再說：「Jackson，（停頓三秒）你沒得繼續看卡通，會有點傷心嗎？」（用語言辨識孩子目前感受）

兒子：「會……。」（剛才的憤怒，現在已經變為悲傷）

爸爸感性的說：「是的，Jackson，爸爸知道你傷心。」（允許孩子的情緒）

爸爸：「Jackson，爸爸知道你在生氣，知道你有點失望，也知道你有點傷心。」（允許孩子的情緒）

爸爸：「爸爸都知道，爸爸可以在你身邊，陪著你生氣，陪著你失望，陪著你傷心一下嗎？」（陪伴孩子的情緒）

兒子：「可以……。」（覺得被在乎）

爸爸：「但Jackson，現在時間到了，我們之前有約定好的。所以，我們現

在應該要怎麼樣呢？」（啓發式問句）

兒子：「要關掉……。」

爸爸：「對。Jackson，爸爸覺得很高興，因為你願意遵守約定，而且我很感動，我覺得你很棒。謝謝你！」（給予即時、具體、真誠的鼓勵）

兒子把卡通關掉，爸爸給他一個擁抱。

演練完之後，我問Jacko這兩個方式有什麼不同體驗。他說在第二個方式中，會覺得自己的聲音是被聽見的，自己是被接受的，原來爸爸是了解我的，所以會比較願意配合。

正是如此。我們用語言辨識孩子目前的感受，他的情緒被辨識了，就有辦法被釋放，並且感受到我們的同理與接納。

而當孩子感受到自己被接納，他就會感受到愛——人內在深處的渴望，他的生命力就會被帶動，引導他做出正確的行為。

有時某些家長會跟我說，他們明明也有用語言表達孩子目前的感受，但是沒有作用，孩子仍然繼續哭鬧，不知道問題出在哪。

簡單來講，這是因為大人當下並沒跟孩子有真正連結，所以說出來的話孩子沒有體驗，也就不起作用。丹尼爾．席格博士提到，孩子有情緒時，父母要用自己右腦來跟孩子的右腦連結，才能與他產生「共感」。這樣父母說出來的話，孩子才會有體驗：

孩子煩躁的時候，邏輯往往不管用，除非我們回應了他右腦的情感需求。我們把這種情感連結稱為「感同身受（attunement）」，也就是與另一個人深入連結，讓他感到被理解。當父母和孩子感受到對方的感受，就能夠體驗到所謂的連結。

所以薩提爾的對話必須在體驗裡進行、在體驗裡工作，才會有具體效果。若我們急著想要解決問題，就可能會因為這份期待，使得對話只在觀點上進行，把感性變為理性。而沒有體驗，就無法連結對方，也幫助不到一個人。

這故事也反映出許多大人在日常生活中，常因為小事跟孩子有衝突。而小事不斷，不但會慢慢耗損大人的愛與溫柔，也會減損孩子的歸屬感與價值感。藉由小事裡得到的小成功，我們也將能每天帶給自己與孩子更多正能量。

03

回溯過往事件，療癒孩子傷痛

上一篇我們分享如何處理孩子當下的情緒。但如果發現孩子目前的情緒，是來自於過往未被處理的事件，可以透過「回溯」此事件，找到當時問題的糾結點，並利用對話來協助孩子釋放當時的情緒，透過左右腦的整合，療癒孩子過往的傷痛。

某天晚飯過後，五歲七個月大的兒子在客廳裡，與年紀相仿朋友翔翔玩耍。突然，我聽到客廳有一陣爭吵。往客廳一看，發現他們正在搶玩具。結果兒子玩具被翔翔拿走了，他很氣憤，把翔翔手上的幾個玩具用手一撥，玩具隨即灑了一地。

翔翔顯然有點生氣，走過來跟我太太告狀：「阿姨，他搶我的東西！」只見兒子緊追在後，拿著一個裝玩具的透明塑膠空殼，氣憤的往翔翔身上丟！當下「啪」

的一聲，正中翔翔身體。翔翔顯然感到有點委屈，想哭了。太太當下先安撫翔翔，並詢問發生了什麼事。

我看著兒子，說：「羽辰！你怎麼了？」他沒說話，顯然仍在憤怒的情緒中。看著生氣的兒子，我發現他同時帶著一點混亂、不知所措的眼神。於是，我以關愛的語氣說：「羽辰，請你過來！」他慢慢來到我前面。

我繼續帶著關愛與好奇的語氣，緩慢對兒子說：「羽辰，你怎麼用東西丟你的好朋友呢？」兒子沒有說話，仍在氣頭上。

「羽辰啊，請你跟我過來，爸爸想跟你討論一下。」於是，我帶他一起上了二樓，到他的「積極暫停區」。

到二樓坐下來後，我以右腦跟兒子的右腦連結，對他說：「羽辰啊，爸爸不是要罵你，爸爸也沒有生氣，只是想知道剛才發生什麼事而已，你可以告訴我嗎？」

這時，兒子說話了：「那個玩具明明是我借給他的，他剛才拿了我的玩具，不還給我，我就很生氣。」我複述他的句尾，說：「他不還給你，你很生氣是嗎？」

兒子繼續說：「我最不喜歡別人讓我生氣，如果別人讓我生氣，我就會很想要打他、罵他……。」我有點驚訝，說：「哦？你覺得很生氣，就會想要打人、罵人嗎？」兒子說：「是。」

我想了解他是什麼時候開始有這種想法的，是不是有發生過什麼事，才讓他有這種想法？藉由回溯事件，我們就有機會知道這樣的觀念從什麼時候開始、當時發生了什麼事，以及對孩子造成什麼樣的影響。

所以我問：「你從什麼時候開始這樣想的啊？」兒子說：「從我中組（幼兒園中班）的時候。」我看著他，好奇、緩慢的問：「哦？中班的時候，那時候發生什麼事了？」

兒子說：「就是在中組的時候，有一天下課我們去外面玩，後來排隊的時候小明（非真實名稱）就過來插我隊。我很生氣，不讓他插隊，於是我們就吵起來了，然後他就去跟小白老師告狀。結果小白老師就帶我去草莓班處罰。」

透過對話，幫助孩子連結左右腦

此時我把握機會，以好奇的問話，以及複述事件的經過與感受，讓他右腦跟左腦連結，幫助他把之前累積在右腦的情緒，藉由故事的方式用語言表述出來：「所以當時你在外面玩，後來排隊的時候小明插隊了，你很生氣，所以不讓他插隊。你們吵起來，結果他就去告狀，你就被老師帶去草莓班，是嗎？」兒子說：「是。」

我問：「那小明有怎麼樣嗎？」兒子回答：「沒有！他在我們班上，只有我被帶到草莓班。吼！我覺得那天小白老師真的有點奇怪耶，因為小明也有弄我，但是他沒有被處罰……。」

我說：「那你的感受是？」他想一下後，繼續說：「我覺得很不公平！所以我很生氣。然後我就決定，以後如果有讓我生氣的人，我就要打他、罵他，讓他們很傷心。」

我再次複述兒子的話：「所以只有你被帶到草莓班，但小明沒有，你感覺很生氣，因為你覺得這樣是不公平的，是嗎？」他說：「是！」

我繼續說：「所以在這件事之後，你決定以後如果有人讓你生氣，你也要跟他生氣，讓他很傷心，是嗎？」他說：「是！」

我猜想，兒子除了生氣以外，應該還有未被辨識的感受，所以我問他：「羽辰啊，除了生氣以外，被帶到草莓班的時候，你會有點傷心嗎？」他說：「會。」

我再問一次：「被帶到草莓班，是什麼感覺？」他再說：「很傷心。」在說出這個感受時，我感到兒子的生氣不見了，只剩下難過。接著我以右腦連結兒子右腦的情緒，同理他的感受：「是的，爸爸知道，你被帶到草莓班的時候，一定是感到很傷心。」

然後，我問他：「這件事情你有告訴媽媽嗎？」他回答：「沒有。」我問：「怎麼沒有呢？」他說：「因為我怕被媽媽罵……。」

我又問：「這件事你一直放在心裡，會不會很不舒服？」兒子說：「會。」我問：「那你現在把它說出來了，有什麼感覺嗎？」他說：「很開心。」我問：「是不是覺得自己被了解了？」他回答：「是。」我接著問：「被了解之後，心裡會感覺比較舒服嗎？」兒子說：「會。」這時，他臉上也比較放鬆了。

我進一步問：「那，羽辰，你喜歡罵人、打人的自己嗎？」兒子說：「不喜歡。」我緩緩說：「你希望變得更棒嗎？」他說：「想。」我就說：「好，那你再感覺一下，現在把之前的事情說出來的感覺，是怎麼樣的？」他說：「很開心。」

我停頓了一會兒，然後緩慢的說：「嗯，你還有生氣嗎？」他回答：「沒有了。」於是我說：「羽辰，爸爸要謝謝你，因為你跟我講了一件你一直放在心裡、爸爸不知道的故事。我覺得你很勇敢，當你說出來之後，你就自由了，不會再被這件事情影響你的心情了。」

我停頓了一下，問：「你喜歡勇敢的自己嗎？」兒子說：「喜歡。」我繼續問：「好的，那我們來想想看，下次如果又生氣了，可以怎麼做？」他想一想，說：「要守規矩。」

我覺得這個回覆可以更具體一點，所以再問：「如果下次你的玩具被搶了，你很生氣，這時候可以怎麼做呢？」兒子想一想，說：「可以提醒他。」我問：「那如果他還是不還你，你可以怎麼做？」他說：「跟爸爸媽媽說。」我說：「我覺得這樣也很好。那你覺得我們要下去了嗎？」他說：「好！」

我再對兒子說：「但是……剛才你拿東西丟你的好朋友了，你覺得他有什麼感受？」他說：「很傷心。」我問：「那，你覺得你可以做些什麼事情呢？」他回答：「跟他說對不起。」我點頭說：「好，我們下去吧。」

到了一樓，兒子走到翔翔面前跟他說：「翔翔，對不起。」而這時翔翔也沒有情緒了，回答：「沒關係。」於是，兩個人又開心玩在一起。

好奇帶來敘述，敘述帶來療癒。感謝薩提爾女士讓我們學會這種對話方式，能幫助一個小生命說出他本來不為人知的故事，進而內在情緒得到釋放，內心傷痛得以療癒。

若每個家庭的父母都懂得運用這種方式，我們下一代的心靈，會不會更健康，為世界帶來更多和平呢？

04

回溯童年，療癒內在小孩

有天晚上，我太太請兒子（那時大概五歲）收拾玩具，他一直不願意。媽媽再次提醒時，他還生氣的說：「唉唷！」我看到兒子這樣，突然感覺很生氣，就嚴厲的對他說：「羽辰！你怎麼這樣呢？」

當下話一說出口，孩子愣住了，媽媽也愣住了，而我自己也愣住了。因為在大聲喊兒子的瞬間，突然間我腦海浮現一個畫面：我看到年輕時的爸爸，用很凶的表情看著我。

「哈尼……。」太太的暗號又出現了。而我沒說話就直接離開現場，到二樓屬於自己的「積極暫停區」。我坐下來並閉上雙眼，剛才浮現於腦海的畫面仍然清晰。

經驗告訴我，這是過往事件的畫面，是我小時候不乖時，爸爸罵我的畫面。想到這裡，我突然內心感覺很難過、很脆弱、很委屈、好想哭。

我知道自己發現了內心深處的「內在小孩」。我終於有機會看到他、面對他、處理他了。但我知道現在不是時候，因為等一下就要去跟孩子洗澡，陪他睡覺了。於是，我決定等到晚上夜闌人靜、大家都入睡之後，再進入我的冰山，尋找我的「內在小孩」。

簡單來講，**「內在小孩」就是童年那個無法如實做自己的「小時候自己」。他為了想被大人肯定、關愛或滿足期待，甚至是單純想生存，所以壓抑自己的想法與需求。這個未被滿足的小時候自己，就成為我們的「內在小孩」了。**

我一位教養界朋友「醜爸」陳其正，在他去年出的著作《父母的第二次轉大人》裡也有探討到「內在小孩」：

如果父母不靠近、接納、擁抱自己的內在小孩，則那正自自由由當個小孩的你的孩子，將不斷召喚你內心裡那未被滿足、不被重視的不自由小孩。

當我們觸碰到自己的內在小孩時，通常會感受到小時候的委屈、難過、脆弱，甚至是憤怒與不知所措。我們常會用過往成人對待我們內在小孩的方式，來對待現在的小孩。

進入冰山，尋找我的內在小孩

零時深夜，大家都睡了。我獨自一人坐在客廳沙發上，並沒有開燈。窗外路燈微弱的光線透進來，已讓我有足夠的明亮進入冰山。

我閉上眼睛，允許自己腦海再次浮現稍早的畫面。這時候，我更清楚體驗到「吸收性心智」原來有多強大，它甚至連我小時候被責備時爸爸的面孔，那時我的感受，對自己、對爸爸、對事件的所有想法與期待，都清楚烙印在我心裡，影響著我往後的未來。

再次回到當時的畫面，我已遺忘是做了什麼被責備，只記得是因為「沒有接受大人提醒」、「不聽話沒禮貌」而被罵。在回溯中，我看到爸爸生氣的面孔，被爸爸大聲責備。

我問當時的自己：「有什麼感受？」想到當年的事件，感受也再度重現：我先是感覺被嚇到、驚訝與害怕；然後，我覺得很委屈、很難過。當年沒流下的眼淚，事隔多年終於流下來了。我告訴自己：

我覺察自己在難過；

我承認自己的難過；

我允許自己的難過；

我願意陪伴自己的難過。

釋放了內在情緒後，我的心靈也騰出一些空間，可以繼續往內探究。我開始進入自己的冰山，勇敢檢視當年在冰山裡遺留下的痕跡。

我從小就知道爸爸很愛我，但當時他突如其來的憤怒，讓我感到非常驚訝。當時我感受到的害怕，是因為爸爸很凶、很大聲責備我，我被嚇到了。當時的委屈，是因為我覺得自己不是故意的；我還小，有時候還不懂得控制自己，所以被爸爸罵感到很委屈。當時的難過，是因為被爸爸很凶的責罵，讓我覺得爸爸不愛我了！但更難過的是，在被爸爸罵的時候，我覺得自己很糟、很差勁，更覺得自己是不值得被愛的孩子！

當年這個事件，也帶給我一個觀點（想法）：「**我知道爸爸很愛我，但因為我做錯事，也不接受提醒，所以爸爸才會罵我。我是該被罵的。**」回溯冰山的此時讓我發現，原來當時這觀點深深烙印在我心裡，定義了我往後的個性。

我心裡開始有「被大人提醒不接受，就會被罵，就該被罵」的觀念。長大以後，只要看到一些不接受大人提醒的孩子，就會無形中牽動我內在小孩，心裡感到不舒服，有種想要罵那個孩子的衝動，覺得「他就是該罵」；在看到我兒子被媽媽提醒而不接受時，也會有想要罵他的衝動。

藉由探索冰山，我才知道自己這個觀念原來是這麼來的。其實很多人都有這種情形，只是未曾深入探討過原因而已。

小時候爸爸對待我的方式，讓我有了這觀點，幫助我往後成為一個潔身自愛、明是非、懂對錯的人，也讓我在踏上教育這條路以後，為了改善這問題而不斷進修、不斷提升自己。我往蒙特梭利深造，往不同領域探索，無非希望有一天能解決自己這個問題，也幫助有相同問題的人找到真正的救贖。

現在我終於知道了，要從這問題中得到解脫，唯有對過往事件予以寬恕，對內在小孩給予擁抱。我很感謝父母對我的養育之恩，但我內心也有著許多未被安撫的傷痛。而這一直沒被看見、被接納、被擁抱的內在小孩，不但一直影響著自己的生命，更影響我現在與孩子的互動。

擺脫過往事件的影響

我決定，這次要好好處理這件事了，而我也知道自己已經預備好了。於是，我再次專注進入當年的畫面，看到責備我的爸爸。被爸爸罵完後，難過與委屈猶在。但我決定，這次要在爸爸面前，一致性的將想跟爸爸說的話，勇敢講出來：

親愛的爸爸，我知道我做錯事了。我知道因為我做錯事，你很生氣，所以你才會很凶的罵我。但是，當你罵我的時候，我感覺到很傷心，而且我很害怕。因為，我怕你不再愛我了！

請爸爸你不要再罵我了，好嗎？因為當你罵我的時候，我會覺得自己很糟，我會覺得自己很差勁，我會覺得，自己是一個不值得被你愛的孩子！

親愛的爸爸，我希望你可以用更溫柔的方式來提醒我，好嗎？我會願意聽，真的！因為，爸爸，我很愛你！我希望在你心目中，我是一個好孩子，我是一個你會欣賞，你會愛的好孩子！因為爸爸，我真的很愛你！

我在心裡，勇敢跟當時的爸爸說出這番話了。我邊說邊哭，把心裡的難過、委屈、想法、期待、渴望，都毫無遺漏的說出來，讓他知道了。

然後，在腦海裡面，我看到聽我講完所有話的爸爸，對我溫柔的笑了。他趨前抱著我，對我說：

鴻鴻啊，爸爸知道了，原來爸爸讓你這麼難過，對不起啊！我是因為很愛你，怕你以後會變壞，所以才會這麼凶提醒你的。爸爸以後用更好的方式提醒你，好嗎？因為，爸爸也很愛你啊！

我們倆緊緊擁抱著，我的眼淚不斷流下，彷彿感到已在天上的爸爸，此刻真的回到我身邊了。我們是多麼靠近、多麼親暱。此時我的內在小孩，也深深被療癒與擁抱。

薩提爾女士曾說：「**我們不能改變過往事件，但能改變過往事件對我們的影響。解除來自過去的影響後，才能在當下活出更正向的能量，並從舊有的傷害、憤怒、恐懼與負面訊息中解脫。**」

當天晚上過後，我發現自己對孩子不接受提醒的容忍度，真的大大提升許多。於是心裡也開始有「探索原生家庭工作坊」的構思，希望有一天可以藉由這種方式，幫助更多父母與成人擁抱自己的內在小孩，擁抱自己的現在小孩，也擁抱從小撫養自己的父母。

05

欣賞自己，找回內心的光明

一直以來，我都是個不懂得欣賞自己的人；從小到大，我也不曾被教導過要欣賞自己。直到學習了薩提爾，才知道原來懂得欣賞自己，是多麼重要的事情。

當我們懂得欣賞自己的時候，才會懂得更溫柔的善待自己，為自己生命帶來更多的滋養。人生，是充滿著喜樂交雜的樂章，我們所過的每一天，未必天天如意，唯有懂得如何給予自己資源，幫助自己獲得正向能量，才有辦法活下去。

但遺憾的是，大部分成人都只看見別人的好，看不見自己的好，更不懂得欣賞自己。為什麼呢？或許是因為小時候，就被大人灌輸「做得好是應該的，做不好就該罵」的觀念，以至於真的做得好、表現好也不敢稱讚自己、欣賞自己。很多人也從小被教導「不能驕傲」、「要謙卑」的觀念，所以我們一直以來都無法光明正大鼓勵自己、肯定自己，擁抱自己的光明面，惟恐被人說驕傲、不謙虛，更怕因此招來嫉妒，帶來種種禍患。

我們都認為應該稱讚別人、欣賞別人、鼓勵別人、肯定別人，卻不能稱讚自己、欣賞自己、鼓勵自己、肯定自己。這樣不是很奇怪嗎？

欣賞自己不代表驕傲，不欣賞自己也不代表謙卑。若我們每天只看見自己的不好、自己的悲哀，而看不到自己的好、自己的喜悅，內心的天秤就會傾向一邊，造成不和諧的生命。因此，幫助人們體驗生命的整體性，是我在工作坊與對話裡著重的一環。

聆聽最需要被照顧的人

有群認識將近十年、曾一起上過成長課程的朋友們，某天又來到我家聚會，暢談近況。由於我們都在成長課程中孕育出「革命情感」，曾在生命的某段時間裡彼此扶持、互相照顧，所以大家的情誼也增添了一份「家人」的味道。

十年人事幾番新，很多人現在的工作、家庭、生活，都跟十年前不一樣了。當中有一位女性朋友之前結了婚，但沒多久就跟先生離婚了。那天她也有出席，還帶著兩個孩子一起過來。我兒子陪著兩位「客人」到外面花園玩，我們大夥兒則在餐桌前喝咖啡、吃點心，分享彼此的近況。

似乎這麼多年以來，我們彼此在聚會互動時都有一種默契，就是會聆聽當下最需要被照顧的人、最需要被關愛的人。我們大家也會很自動，把發言的機會交給這個人。

那天聚會的焦點，很自然慢慢轉移到這位媽媽身上。做為一位單親媽媽，又帶了兩個孩子，她開始敘述這些年自己生命歷程中發生了什麼事。言談中數度流淚的她，卻讓我感受到她是如此堅強、努力面對生命的種種考驗。

為母則強，她一手撫養兩個孩子，並沒有時間被生命打垮，白天要上班工作，晚上又要照顧小孩。不幸的是，老大被診斷出發展有點遲緩，她更是到處尋求醫治的方法，並帶著孩子去做各種治療。經歷了一番苦心與照顧，孩子終於順利慢慢長大了。

為了孩子的教育，不讓傳統老師替孩子貼標籤，她選擇昂貴的私立學校。孩子也因此在優秀老師的愛護與帶領下，日漸成長茁壯。

為了孩子的教養，這位媽媽還去參加很多親職課程。由於本身上過成長課程，她知道成人的內在會無意識影響孩子的發展，所以她不斷充實自己，希望自己成為更好的母親，可以給孩子更好的楷模、更好的示範。

不過我發現她說話真的非常快、非常急、非常躁，彷彿感覺她就像一個充滿氣的氣球一樣，非常緊繃，一不小心被刺到就會立即爆裂。但我知道她身上如此緊繃的力道，正是支持她在生命嚴苛考驗中堅持下去的毅力。

看著她一直用極快速的話語來表達自己，一邊講一邊強忍著眼淚，時而忍不住落淚，而眼淚掉下的瞬間，仍繼續壓抑著，一邊講一邊用衛生紙擦眼淚……我看了心裡感覺好心疼、好心疼。

於是，本來走來走去跟孩子們玩的我，決定坐到她面前，與她來個對話。

可以愧疚，但不要自責

我們對話了大約半小時，過程中她釋放了許多情緒、辨識了內心的各種感受，也藉由這些感受的引領，回溯到當初內在冰山的起始點。淚流不止的她，敘述著自己四歲時所遭遇的事件。

這麼久以前的陳年往事，她一直都以為自己早已看開、並且釋懷了。但她不知道的是，原來理解的只是她頭腦，受傷的卻仍在她內心。內心尚未痊癒，所以傷痛還在。

我給這位媽媽一個功課回去練習，讓她與當年的事件和解，找回內在的光明。因為她上過一系列的成長課程，了解「穿越是唯一的出路」，所以我相信她在方向、方法都了解後，應該自己能做到。

後來，她又講到老二從出生起就沒見過爸爸，她很擔心這會影響孩子的心理發展，同時又眉頭深鎖、掉下眼淚。但她瞬間就轉移話題，開始責罵孩子那不負責任的父親。

我捕捉到這時機，輕聲呼喚她的名字，打斷她的思緒。我問她：「你是否會因此而感到自責。」她思考片刻後，紅著眼眶微微點頭說：「會。」於是我問她：「你是故意要離婚的嗎？」她說：「不是。」

我又問：「如果不是，你何故要責備自己呢？」她說：「因為我覺得對孩子有點愧疚……。」我說：「你可以覺得愧疚，但是可以不要責備自己嗎？」她沒說話，愣了一下。

停頓了一會兒，我輕聲呼喚她的名字，再問：「如果你不是故意的，你可以不要再責備自己，然後原諒自己嗎？」她想了一下，皺著眉頭，忍著眼淚，點點頭說：「可以。」

我再次輕聲呼喚她的名字，繼續問：「你有看到這些年以來，你是如此努力想成為一位好媽媽嗎？你有看到你是如此認真，一直扮演著好媽媽的角色嗎？剛才一直聽你說，你為孩子做了這麼多事，還為孩子上了這麼多親職課程……我很好奇，你怎麼不欣賞這個如此認真、如此努力的媽媽呢？」當下，她又哭了。

我轉過頭來看著大家，問：「你們不覺得，這是一個很了不起的生命嗎？是一個非常用心的媽媽嗎？」此時，大家內心都被觸動而流下眼淚，相互鼓勵著她、擁抱著她，當下場面很感動，也很美好。

那天離開時，這位媽媽眼睛紅腫得像是被我打了兩拳。但我希望她帶走的，是她找回自己內心光明的那句話：「我是認真的媽媽，我是努力的媽媽，我欣賞這樣的自己。」

生命再黑暗，也會有光明。只是有時候，我們看不見。

感謝上天，讓我遇見薩提爾。

結語

親子相長，核心是愛

讀完將要進入最後編輯工作的整份書稿，內心依然非常感動。

這是一本集結過去與現在偉大教育者智慧結晶的作品。做為一位平凡的老師，能有緣分把大師們畢生的心血彙整於一本書並呈現出來，是我此生莫大的榮幸。

衷心感謝親子天下給了我一位最棒的編輯，幫助我將最複雜的內容，整理出最好的脈絡，完美了此書最後的呈現。

衷心感謝所有願意推薦這本書的教育界前輩、好友與夥伴。

衷心感謝我所有的家人——我的爸媽、我的太太，以及我的孩子。因為若沒有你們一直以來給予我的愛與支持，就不會有這本書。

再次看過全書的內容，想著每天收到各種家長的提問，我很感動的發現，這本書的所有內容，都已能回答家長的一切問題。

我更體會到，當初想要將蒙特梭利、阿德勒正向教養與薩提爾結合，或許並非全是我個人的偶然，而是在現今大時代演化下，最符合家長幫助孩子與自己正向成長的完備做法。

而在這猶如三足鼎立、正三角形的核心處，有著此套方法最重要的核心——人類希望生命更美好的熱愛與渴望。

願我們能帶著對生命的關愛與謙卑，從文字中窺探到穿越時空各教育家的內心，體會他們所想要表達的生命真相與協助生命的智慧。

天下父母對孩子的愛，是如此深廣且偉大。願親子天下的這本書，能幫助到天下親子。

For the Love of the Child.

羅寶鴻

家庭與生活 058

羅寶鴻的安定教養學

蒙特梭利・薩提爾・阿德勒，看懂孩子內在需求，培養正向、自信，穩定好性格

作者／羅寶鴻
責任編輯／盧宜穗・陳子揚
校對／魏秋綢
封面設計／王薏雯
封面攝影／曾千倚
插畫／Bianco Tsai
內頁設計／連紫吟・曹任華
行銷企劃／林靈姝

天下雜誌群創辦人｜殷允芃
董事長兼執行長｜何琦瑜
媒體暨產品事業群
總經理｜游玉雪
副總經理｜林彥傑
總監｜李佩芬
行銷總監｜林育菁
版權主任｜何晨瑋、黃微真

出版者／親子天下股份有限公司
地址／台北市 104 建國北路一段 96 號 4 樓
電話／（02）2509-2800　傳真／（02）2509-2462
網址／ www.parenting.com.tw
讀者服務專線／（02）2662-0332 週一～週五：09:00~17:30
讀者服務傳真／（02）2662-6048 客服信箱／ parenting@cw.com.tw
法律顧問／台英國際商務法律事務所・羅明通律師
製版印刷／中原造像股份有限公司
總經銷／大和圖書有限公司　電話：（02）8990-2588

出版日期／ 2020 年 1 月第一版第一次印行
　　　　　2024 年 1 月第一版第十七次印行
定　價／ 420 元
書　號／ BKEEF058P
ISBN ／ 978-957-503-539-6（平裝）

訂購服務：
親子天下 Shopping ／ shopping.parenting.com.tw
海外・大量訂購／ parenting@cw.com.tw
書香花園／台北市建國北路二段 6 巷 11 號　電話（02）2506-1635
劃撥帳號／ 50331356 親子天下股份有限公司

羅寶鴻的安定教養學：蒙特梭利 ・ 薩提爾 ・ 阿德勒，看懂孩子內在需求，培養正向、自信，穩定好性格 / 羅寶鴻著．-- 第一版 -- 臺北市：親子天下，2020.01
368 面；14.8×21 公分．--（家庭與生活；58）
ISBN　978-957-503-539-6（平裝）

1. 育兒 2. 親職教育 3. 蒙特梭利教學法

428.8　　108021768